AF257194

L'INDUSTRIE HERBAGÈRE

CAEN, IMP. G. PHILIPPE, RUE FROIDE, 5,

UN DERNIER MOT

SUR LA

QUESTION HIPPIQUE

ET SUR

L'INDUSTRIE HERBAGÈRE

DONT ELLE FAIT PARTIE

PAR

M. le marquis DE GRANGUES

Ancien membre de la Société d'Encouragement de Paris

On demandait à un grand métaphysicien (1),
comment il était parvenu à résoudre un problème réputé insoluble.
En y pensant toujours, répondit-il...

(1) Newton.

PARIS	CAEN
LIBRAIRIE BOUCHARD-HUZARD,	A. MASSIF, LIBRAIRE-ÉDITEUR
RUE DE L'ÉPERON, 5	RUE NOTRE-DAME, 111

1861

MOTIFS DE CET ÉCRIT.

Être ou ne pas être,
Telle est la question.

SHAKESPEARE.

Depuis que la réorganisation de l'administration des haras a remis la question chevaline à l'ordre du jour, il est devenu de bon ton de s'en occuper. Beaucoup de gens ont alors pensé que pour pouvoir en parler, il serait convenable d'étudier cette question devenue officielle.

Quelques-uns ayant bien voulu se souvenir de publications éparses et souvent anonymes, auxquelles j'avais jusqu'ici attaché peu d'importance, m'ont demandé où l'on pouvait trouver le recueil de ces publications. Cette interrogation m'a rappelé que ce recueil n'existait pas. Tel est le motif du présent écrit, dans lequel j'ai réuni ce qui m'a paru le plus concluant parmi mes diverses productions (1), non-seulement sur la question hippique, mais sur

---

(1) Sérieuses. Mon Mémoire de concours n'est reproduit ici, qu'en principe. On saurait où le trouver au besoin.

l'élevage en général, question d'une portée bien plus haute
que celle que l'on a paru lui attribuer jusqu'à ce jour,
ainsi que je le démontrerai dans le cours de la discussion qui va suivre.

Parmi les éléments de ce travail, ne figureront pas les
Lettres d'un Éleveur publiées dans diverses revues économiques et feuilles politiques, voir même dans la *France
hippique,* avant que son caractère de gravité officielle ne
lui eût interdit toute intention comique. Nous vivons cependant dans un pays où la verve satirique n'abdique jamais
son empire, et où une comédie intitulée : *La Folle Journée,*
a plus fait pour l'émancipation de l'esprit public, que les
écrits philosophiques du dernier siècle, fût-ce celui qui a
pour titre : *Le Contrat Social.*

Quant à moi, je n'oublierai pas, dans ma modeste sphère,
qu'alors que M. Le Couteulx, enlevé trop tôt à l'hippologie,
dessinait la caricature de notre production hippique, j'en
écrivais la satire ; et d'autres s'en souviendront peut-être.
Au nombre des réclamations qui m'ont été adressées sur
la marche disséminée de mes fantaisies économiques, une
émane d'un officier de la cavalerie prussienne (1).

Quoiqu'il en soit, je livre aujourd'hui au Tribunal suprême de l'opinion, le résultat consciencieux d'une étude
de trente années. La plupart de ceux en société desquels

(1) Si nous n'étions pas sur un terrain sérieux, j'ajouterais : que cette circonstance
me permet d'espérer n'avoir pas uniquement travaillé pour le souverain de ce pays.

j'ai entrepris cette carrière sont tombés avant d'atteindre le but (1). Leur souvenir, qui m'engage à persévérer dans cette mission délicate, me soutiendra. L'heure du succès a-t-elle sonné? je l'ignore. J'ai fait ce que j'ai dû, ce que j'ai pu, quoiqu'il doive advenir. Je prends l'engagement, en tout état de cause, de parler avec la gravité que comporte la question, lors même que les détails que j'aurais à signaler ne présenteraient pas ce caractère... L'opinion, notre juge à tous, prononcera.

Je formulerai nettement mon idée. Qu'on la réfute s'il y a lieu, qu'on l'applique si elle vaut ; mais j'ose espérer, puisque nous sommes sur le terrain du sérieux et du vrai, que cette idée ne sera jamais dénaturée. La véritable mère livre son enfant plutôt que de le voir mutiler (2).

DANIEL DE GRANGUES.

Manoir de Grangues, septembre 1861.

(1) Parmi ces hommes à jamais regrettables, je citerai les noms de MM. Rieussec, de Blangy (Maximilien et Gaston), de La Place de Bonneval ; MM. Aumont (Victor et Eugène), le dernier existant encore, mais malheureusement pour la science hippique, qu'il pratiquait en artiste, démonté dès le départ ; M. Le Coulteux et autres, que la reconnaissance publique désignera sans qu'ils soient compris dans cette nomenclature.
(2) Jugement de Salomon.

Études sur les principales industries de la Normandie en général et du département du Calvados en particulier.

***

L'INDUSTRIE HERBAGÈRE.

***

La Science de l'économiste n'oblige pas à tout découvrir ou inventer. Elle consiste le plus souvent à rechercher, à étudier et à coordonner les divers éléments offerts par la nature et l'état des choses, dont se compose l'économie sociale, pour les faire contribuer, selon leur valeur relative, à la prospérité de l'ensemble. Partant de ce principe, pour l'appliquer à l'état des ressources industrielles et commerciales de l'un des plus riches départements de France, j'ai dû me demander d'abord quelle était, dans l'ordre productif de ses ressources, l'industrie susceptible de recevoir les développements les plus larges et les plus immédiats. Par une de ces bizarreries comme il s'en rencontre souvent en économie sociale, il s'est trouvé que cette industrie, primitive de sa nature, est restée la plus stationnaire, et peut-être la moins comprise parmi les premières des industries départementales. Et je me hâte d'ajouter au résultat de mes recherches, qu'un pareil état de choses n'est point particulier au département du Calvados ; mais qu'il y a en cela communauté, sinon parité de *stationnarisme* entre les départements dont se compose le centre d'élevage normand.

Est-ce à dire que la question ait manqué d'études ; que l'indifférence soit ici le fruit de l'ignorance ? Cette hypothèse ne saurait être admise en présence des citations qui vont suivre, lesquelles simplifiant de beaucoup la tâche que j'entreprends, composeront presque à elles seules, cette partie de mes recherches sur les principales industries du département du Calvados, et du centre d'élevage normand.

L'industrie herbagère, dont il sera question dans les chapitres suivants, comprend trois parties distinctes. (1) D'abord l'industrie de l'élevage, qui elle-même se subdivise en deux parties : l'élevage du bœuf et l'éducation du cheval. Celle qui concerne l'engraissement des animaux livrés à la boucherie pouvant être considérée comme un rendement régulier présentant les conditions habituelles de l'agriculture pastorale, plutôt qu'un produit industriel à proprement parler, nous la laisserons provisoirement de côté, et ne nous en occuperons qu'autant qu'elle rentrera, comme partie intégrante, dans l'ensemble de l'exploitation de paccage appliquée à la majeure partie du territoire départemental.

Si l'on examine avec une attention soutenue les habitudes traditionnellement conservées pour l'exploitation des terrains de troisième et quatrième degrés, qui composent les parties accidentées du sol du Calvados, on reconnaît que ces parties, dans les arrondissements de Lisieux et surtout de Pont-l'Evêque, ne rendent pas la moitié des bénéfices qu'elles pourraient donner. Ces terrains servant d'encadrement en général, à un sol d'alluvion de premier ordre, ressentent cependant l'effet de ce voisinage sur la matrice cadastrale, et sont imposés selon les proportions d'une répartition à laquelle celui-ci a servi de base.

Je puise ce renseignement dans un Mémoire présenté pour la prime d'honneur décernée au concours régional en mai 1860 ; et je me hâte d'exprimer l'étonnement, le regret que l'organisation des

---

(1) L'industrie des beurres et fromages forme une subdivision de l'exploitation herbagère. Nommer les produits d'Isigny, de Camember et de Pont-l'Evêque, c'est signaler des résultats complets, qu'il s'agit seulement de conserver.

concours régionaux n'ait à donner aux auteurs de travaux de ce genre, qu'une mention honorable, (très-honorable si l'on veut...) (1).

Je n'avais pas attendu l'occasion du concours régional pour appeler l'attention du gouvernement sur ce *non-sens* économique.

Voici ce que je trouve dans le procès verbal de la Commission de statistique tenue à Dozulé, en novembre 1855, cinq ans avant.

Commission de Statistique du canton de Dozulé, arrondissement de Pont-l'Evêque. (Séance du 9 novembre 1855).

M. le marquis de Grangues, membre de la Commission, ayant demandé la parole, s'est exprimé en ces termes :

« Messieurs,

« Les Commissions de statistique ont pour objet de renseigner le Gouvernement sur les ressources du pays.

« Elles ont un autre but, celui d'évoquer les aperçus utiles en leur offrant l'occasion de se faire jour. C'est en cela qu'on doit les considérer comme les véritables comices agricoles des cantons. Et ne vous y trompez pas, Messieurs, c'est au canton que peuvent être puisées les notions pratiques les plus justes. Les instincts agricoles, d'accord avec les principes qui nous régissent, remontent l'échelle sociale plus qu'ils ne la descendent.

« Si, de ce point de départ, nous entrons dans l'examen de l'économie pratiquée dans l'exploitation de la riche contrée au centre de laquelle nous sommes réunis, nous reconnaissons que là est l'âme, si je puis m'exprimer ainsi, de l'un des arrondissements les plus impor-

---

(1) Ce Mémoire, resté aux archives de la direction de l'agriculture, est devenu propriété de l'État. Le Conseil général du Calvados, les Comices agricoles de Pont-l'Evêque et de Lisieux pourraient peut-être y puiser des documents utiles.

tants de la France. Et par une loi heureuse, la Providence à voulu que l'intérêt agricole et industriel des autres arrondissements du département fût étroitement lié à celui de Pont-l'Evêque, pour faire du Calvados un territoire qui peut se suffire à lui-même, et concourir dans une large proportion, à la richesse et à la grandeur nationales.

« Mais une ombre est projetée sur ce riant tableau. Je me hâte d'en définir la cause et de chercher avec vous à en atténuer les effets. Les bénéfices que donne l'engraissement herbager sont diminués par le prix de revient de la viande maigre...

« Eh bien, qu'il me soit permis de le dire, si nous pénétrons au fond de cette question, nous reconnaîtrons qu'ici encore la Providence a fait pour le mieux, et qu'ainsi qu'il arrive trop souvent, c'est l'homme qui s'est détourné de ses voies.

« Autour des riches vallées où vous puisez l'exagération de la quiétude, la nature a placé un encadrement de hauteurs moins favorisées. Sur les plateaux, on cultive avantageusement les céréales. Déjà le colza y apparaît (et je signalerai cette innovation comme un progrès fâcheux au point de vue de l'élevage). Il en est un d'un autre genre peut-être, sur lequel je crois devoir appeler votre attention, parce qu'il présente les caractères du vrai progrès, c'est-à-dire le concours de tous les enfants à la prospérité de la famille. Je m'explique : — Dans l'arrondissement de Bayeux, les cultivateurs des fonds de 2° et de 3° degré élèvent tous, ou presque tous, les veaux qui leur naissent. Pourquoi n'en est-il pas de même dans les arrondissements de Pont-l'Évêque et de Lisieux? Je sais ce que vous allez me répondre : l'usage et le besoin d'un rendement immédiat. Je déclare n'accepter qu'à moitié la valeur de ces raisons, et c'est pour cela que j'ai opposé ce qui est pratiqué à l'Ouest du département à ce que nous faisons à l'Est dans des conditions à peu près identiques.

« Mais, en admettant la rectitude du raisonnement, sommes-nous assez riches pour bien faire ? C'est là où, en définitive, il faut en arriver.

« Je pense que l'on peut faire sur les terrains secondaires, à l'Est, ce qui est fait à l'Ouest; mais, je reconnais qu'en agriculture, une amélioration même a besoin d'encouragement, l'orsqu'elle dérange des habitudes rationnelles ou non.

« Je dirai donc que, pour obtenir que les cultivateurs des arrondissements de Pont-l'Évêque et Lisieux prennent le parti d'élever tous leurs veaux, au lieu de vendre au lait comme c'est l'usage, ceux qui ne sont pas reconnus propres à la reproduction, il faut qu'ils y soient sollicités par un encouragement de nature à compenser la perturbation qui en résulterait dans l'économie de leur exploitation.—Quel peut être cet encouragement?

« L'Administration et les Conseils généraux offrent, chaque année, des primes au labourage. Je demanderais que ces primes ne pussent être obtenues que si le concours avait eu lieu avec des charrues attelées de bœufs élevés dans le pays. Ne pourrait-on pas, d'ailleurs, instituer des concours pour les bœufs maigres, comme il en existe pour les bœufs gras?

« Ainsi, peut-être aurait-on fait un pas vers la solution du problème qui doit préoccuper les gouvernements, celui d'assurer la subsistance d'une population qui tend à s'accroître en nombre, en même temps que ses exigences de bien-être suivent la marche de toutes les améliorations que notre époque a vu s'opérer.

« La partie la plus facile de ma tâche est remplie : j'avais à signaler une prospérité dont la nature semble avoir voulu faire les frais. Mais l'industrie pastorale d'un pays comme la France, et l'exploitation d'un sol comme celui du pays d'Auge ne peuvent être bornées à l'élève et l engraissement du bœuf. Le commerce de luxe et la remonte de l'état major de l'armée leur demandent des chevaux d'élite. Ici, Messieurs, le panégyriste doit faire place au critique.

« Si Paris accueille chaque année avec le même enthousiasme le moderne Apis que lui envoie souvent le canton de Dozulé, il reproche à la Normandie en général de faire de la viande de cheval, comme elle fait de la graisse de bœuf; et je le dirai entre nous, Paris à raison en cela.

« Je prévois l'argument qui peut m'être opposé.

« A quoi bon se donner la peine de pratiquer et préparer des animaux qu'on vend si bien gras d'herbe, et bruts d'éducation, à la remonte
et à la contrefaçon?

« L'argument ne serait pas sans force, si un pareil état de choses
devait durer. Mais il ne peut pas durer ; voilà où est son danger. La
guerre n'est qu'un accident dans la vie des nations. Et il est trop illogi-
que de porter son or à l'étranger pour un produit qu'on peut
fabriquer soi-même , pour qu'un revirement prochain ne menace
pas les habitudes prises en Normandie , dans l'éducation du
cheval. Ce revirement, il est sage de le prévenir. Le moyen de vous
préparer à supporter ses conséquences, c'est d'élever convenablement
les poulains qui vous naissent.

L'avoine est chère, et les hommes vous manquent, je le sais.
Serait-il donc impossible de surmonter ces difficultés , si une action
rémunératoire bien entendue et convenablement graduée offrait à
l'éleveur le remboursement de ces avances?

C'est de votre délibération que le Gouvernement peut l'apprendre.

Telle est, Messieurs, la seconde question d'économie agricole et
industrielle sur laquelle une administration progressive a voulu que
vous fussiez consultés, parce qu'elle vous touche de plus près. Si vous
pensez qu'il y ait quelque chose à faire, on vous offre l'occasion de le
dire, et croyez qu'on aura égard à vos remontrances. Voici, sauf meilleur avis, ce que je proposerais en l'occurrence :

Demander qu'un hippodrome permanent avec épreuves de qualités
utiles au service fût entretenu dans chaque centre d'élevage. Que
chaque année un certain nombre des orphelins que leur naissance met
à la charge de l'assistance publique fût destiné à recevoir une éducation qui en fît des hommes de cheval, profession qui manque à notre
industrie chevaline.

Il est bien entendu que les moyens financiers nécessaires à la prise
en considération des vœux sus-énoncés, seraient accordés dans une
proportion digne de leur but. Veuillez donc apprécier et répondre.

Après cet exposé rapide, M. le Président met aux voix les questions
suivantes : Est-il convenable de demander que le Conseil général et

l'Administration, chacun dans la limite de leurs attributions, veuillent bien décider ;

1° Qu'un certain nombre de primes soient offertes chaque année aux cultivateurs et éleveurs qui présenteront les plus beaux attelages de bœufs élevés sur leur exploitation ;

2° Que les primes offertes au labourage soient de préférence accordées aux charrues attelées de bœufs remplissant ces conditions.

En ce qui concerne l'éducation du cheval :

1° Que les épreuves trimestrielles ou semestrielles aient lieu sur un hippodrome *permanent*, dans chaque centre d'élevage ; que le nombre de ces épreuves au trot attelé et monté soit le plus considérable possible :

2° Que chaque année, un certain nombre des orphelins que leur naissance met à la charge de l'État et des départements, soit désigné, et reçoive une éducation qui les rende aptes à soigner, monter et atteler les chevaux convenablement. »

L'adoption est votée à l'unanimité.

Il y a lieu d'attacher une importance d'autant plus grande au document qui précède, que les mêmes idées se retrouvent dans les discours prononcés par S. Exc. le Ministre de l'agriculture à l'ouverture du concours de Poissy, dans les années suivantes. On sait donc que le Gouvernement est saisi de la question, question bien simple, pour peu qu'on veuille y réfléchir, et cependant restée sans solution pratique.

Il est facile, en effet, de reconnaître au premier examen, que celui qui spécule sur l'engraissement a intérêt à pousser cet engraissement à son plus haut période, par plusieurs motifs assez puissants d'eux-mêmes, pour n'avoir pas besoin d'être surexcités. Si au début de l'engraissement l'animal absorbe la plus grande quantité de nourriture, à mesure que son embonpoint se développe, l'absorption diminue, tandis que la valeur relative de la viande augmente. Il est donc de logique élémentaire, d'après ces prémices, que l'engraisseur n'a pas besoin d'être encouragé, et que les primes accordées jusqu'à ce jour à l'embonpoint seul, ont produit l'exagération du bien, plus que le bien lui-même. Examinons si, à côté de ce superflu, il n'existerait pas une lacune dans le nécessaire, en ce qui concerne la production des animaux indispensables à l'approvisionnement de la boucherie.

La France ne produit pas la quantité de bœufs nécessaires à sa consommation. On le sait, l'administration s'en préoccupe ; et cependant qu'a-t-on fait jusqu'ici pour pousser à augmenter la production ? Rien, ou presque rien.

Chaque année, à l'époque du carnaval, le traditionnel bœuf gras est promené entouré de son cortège habituel. Des primes importantes sont accordées à diverses époques, notamment au concours de Poissy.

Tous ces encouragements s'adressent à l'engraissement ; mais que fait-on pour l'élevage ?

Cependant l'éleveur est celui qui aurait le plus besoin d'être encouragé. Son industrie exige une mise de fonds qui reste improductive pendant plusieurs années. Pour lui les chances de perte doivent être calculées en raison de la durée de sa spéculation. Si l'on engraisse un bœuf en quelques mois ; il faut plusieurs années pour l'élever.

Je vois bien des essais pour abréger la durée de l'élevage. On a importé et naturalisé, chez nous, des races étrangères, que leur précocité permet de livrer à l'engraissement dès l'âge de deux ans. Ces races peuvent s'harmonier parfaitement à l'économie de l'industrie agricole en Angleterre, où l'on élève une race spéciale pour chaque service. Ainsi telle race est appliquée à la laiterie, telle autre sert à l'approvisionnement spécial de la boucherie, etc. Mais en France, où l'industrie et la richesse agricoles sont moins développées, il faut que la même vache qui nous fournit du lait soit aussi celle dont sortent les bœufs qui labourent nos champs, et plus tard approvisionnent nos marchés. Pousser à l'augmentation du nombre de ces animaux, obtenir que la majeure partie des veaux qui naissent dans les départements d'élève soient conservés, au lieu d'être livrés à la boucherie, tel me paraît être le but vers lequel l'encouragement doit se porter, surtout en notre pays. C'est ce qui résulte du Mémoire déposé par moi pour le concours régional, ainsi que de mes di-

vers essais sur cette matière. L'article que je vais citer a d'autant plus
d'à-propos ici, que publié au moment des élections pour le Conseil général, cet article peut être considéré comme un programme.
J'y ai d'ailleurs traité le sujet qui nous occupe, de manière à faciliter
les recherches à faire par les rapporteurs de cette importante question. Jusqu'ici on avait traité séparément les questions de la
boucherie et des haras. L'on n'avait obtenu que des demi-solu-
tions. La question de l'élevage ainsi qu'elle est posée dans le
travail suivant, me paraît former un ensemble complet qui resti-
tue à cette branche importante de l'économie agricole, le rang
qui lui appartient. En même temps qu'il résout d'une manière nette et précise un problème d'économie sociale, il assure à
la pratique les moyens de pourvoir à deux services publics de premier
ordre, l'alimentation publique, et les remontes de l'armée. Tel a, du
moins, été le but que je me suis proposé.

L'Industrie herbagère au point de vue de l'Alimentation publique, et de la Régénération du Cheval noble utile au commerce aristocratique et à l'état-major de l'armée.

C'est une remarque faite depuis longtemps, que les idées les plus
simples sont celles dont l'application reste le plus souvent en retard.
Ceci explique comment il se fait que le commerce soit quelquefois
obligé de demander à l'étranger ce que l'industrie nationale serait en
état de lui fournir, s'il existait un aménagement mieux compris des
ressources du pays, une intelligence plus éclairée de ses véritables
intérêts.

L'industrie herbagère, plus que toute autre, justifie les réflexions
qui précèdent.

En effet, si, entrant dans l'examen des habitudes de l'élevage, on ouvre le *doit et avoir* de sa situation, on reconnaît que l'intelligence de l'homme est restée ici en arrière de l'œuvre de la création, et que l'industrie qui nous occupe n'a pas suivi le mouvement ascensionnel imprimé aux autres industries nationales, par les institutions nouvelles. L'esprit stationnaire qui est le défaut caractéristique des pays de pâture, avait sa raison d'être sous l'ancien régime, et suivait en cela le mouvement régulièrement sédentaire de l'agriculture en général, sans qu'il en résultât de grands inconvénients. Mais aujourd'hui, un pareil état de choses n'est plus en harmonie avec la marche progressive de l'instinct industriel et commercial de notre société de 1789. Il est donc d'une haute importance, sous peine de voir l'alimentation publique et la défense du pays compromises, que l'agriculture, et l'élevage en particulier, reprennent le rang qui leur appartient dans l'économie industrielle.

Examinons les conditions de l'élevage dans ses deux principales divisions, qui sont la *production du bœuf*, et *l'éducation du cheval*.

Il est bon de remarquer, afin de pouvoir se rendre un compte exact de la situation, la nuance que j'établis ici. Je dis *production*, en ce qui concerne l'élevage du bœuf, parce que c'est l'augmentation de quantité qui est surtout utile pour obvier à l'élévation progressive du prix de la viande, tandis que l'expression *éducation* est celle qui convient pour définir l'élevage du cheval de luxe. Les deux termes de la proposition doivent donc être renversés, selon qu'on les applique à l'une des deux parties de la question herbagère; et il convient de dire : Donnez vos soins à augmenter le nombre des têtes de bétail fournies chaque année par l'élevage, en ce qui concerne les animaux de l'espèce bovine. Ici, c'est la production qui fait défaut; le consommateur, ainsi que celui qui se livre à l'industrie de l'engraissement, sont d'accord pour solliciter des mesures dont le résultat devra être l'abaissement du prix de la viande maigre, et par suite celui de la grasse, prix dont tout le monde souffre, et dont personne, à très-peu d'exceptions près, ne peut profiter dans un aménagement bien entendu. L'espace me manque pour entrer ici dans tous les développements que comporte cette importante question.

Il me suffira de faire observer que les encouragements donnés, jusqu'à ce jour, à l'industrie qui nous occupe, ont complétement laissé à l'écart ce côté principal. Ce côté est cependant le plus important, en vertu du principe de logique et de physique à la fois, qu'on ne peut obtenir une construction utile et durable qu'en la faisant reposer sur des bases convenablement établies. On a primé, jusqu'à ce jour, le développement souvent exagéré de l'engraissement ; c'est bien ; mais le premier exclusivement, c'est trop et trop peu à la fois : trop, parce que l'engraisseur est porté à pousser l'engraissement à son plus haut degré par deux motifs assez puissants déjà par eux-mêmes qui sont l'augmentation de poids et la diminution de la nourriture consommée par l'animal, à mesure que son embonpoint augmente ; trop peu, parce que l'élevage du bœuf, comme celui de tout autre animal, exigeant une mise de fonds dont les intérêts ne rentrent pas immédiatement, il faut qu'il soit tenu compte à l'éleveur de ses avances. Or, le moyen le plus naturel, le seul même d'obtenir ce résultat, est d'employer l'animal au travail, jusqu'à l'âge auquel il peut être livré à l'engraissement.

Je sais qu'on a cherché, en Angleterre, à obtenir des races dont la précocité devance l'âge de l'engraissement habituel ; mais, comme toutes les spécialités, les produits de ces races laissent à désirer sous d'autres rapports, et j'ai tout lieu de croire que les départements producteurs du centre normand feront sagement, jusqu'à plus ample informé, de s'en tenir à leurs espèces cotentines, augeronnes, et à leurs croisements dérivés.

Mais ce qu'il importe en tout état de cause, c'est d'augmenter la production par tous les moyens possibles.

Le moyen le plus logique, celui que j'ai indiqué à la commission de statistique du canton de Dozulé, c'est l'institution de primes d'un chiffre élevé offertes au labourage, avec condition expresse que les charrues seront attelées de bœufs élevés dans le canton. Par ce moyen, on peut arriver à concilier tous les intérêts; et les Conseils généraux commettraient un oubli regrettable en ne se préoccupant pas, à l'époque de leurs réunions, de cette question, vers laquelle M. le Ministre de l'agriculture leur a ouvert la voie, dans un de ces discours à l'occasion du concours de Poissy.

On s'étonne à bon droit de voir des idées d'une application aussi simple rester à l'état de théorie permanente.

Il y a ainsi en économie sociale une multitude de conceptions utiles, à l'inapplication desquelles on ne saurait trouver d'autre raison, sinon celle que *cela n'a jamais été fait*. Un jour, le hasard, ou la persévérance d'un homme dévoué à une idée, écartent les voiles de la routine; la lumière se fait, la vérité se dégage et apparaît dans toute sa simplicité. Alors, la difficulté ayant subitement disparu, on s'étonne d'avoir aussi longtemps marchandé avec elle.

La lumière étant, par ce qui précède, suffisamment faite sur l'élevage du bœuf, je vais essayer de porter une lumière égale sur l'éducation du cheval de luxe, autre exemple frappant des effets de l'esprit stationnaire passé à l'état chronique.

Il vient d'être discuté longuement et vivement, sur l'utilité d'une administration des haras de l'État. Cette question a fait surgir incidemment cette autre, à laquelle, dans chacun des deux camps opposés, on avait moins songé, chercher à savoir pourquoi un capital considérable sort annuellement de France pour approvisionner le commerce du cheval de luxe ou de premier ordre; et subsidiairement, s'il ne serait pas possible d'obtenir que cet argent restât dans le pays. Alors la question devenue industrielle et économique, d'administrative qu'elle avait été jusqu'à ce jour, a repris son véritable rang. Son importance a pu être appréciée par les hommes pratiques, qui lui étaient jusqu'ici restés le plus étrangers. Il ne s'est plus agi, en effet, de savoir comment on pouvait parvenir à faire de bons chevaux, mais d'approfondir les motifs (bizarres en apparence) qui avaient engagé à ne commercer que sur les médiocres; en un mot, et pour préciser la situation, pourquoi l'élevage de cette catégorie hippique s'obstinait à travailler pour la Belgique, *terre hospitalière de la contrefaçon*, au lieu d'offrir au commerce national, les produits de bon aloi qu'il est obligé de demander à l'Angleterre et à l'Allemagne. De là, à la constatation des causes de ce désaccord désastreusement entretenu entre la production et la vente, il n'y avait qu'un pas. Ce pas vient d'être fait. Les résultats se révèlent dans l'institution d'écoles de dressage et de primes offertes à l'éducation du cheval noble, en état d'être avantageusement présenté par le pays, à ses ennemis comme à ses amis. Ayant depuis dix ans sondé les replis de cette affection invétérée, je puis aujourd'hui renvoyer les lecteurs qui veulent bien m'honorer de quelque confiance, à la brochure que j'ai adressée au général Fleury, à l'époque où la question chevaline n'était encore que la question des haras.

Dans la situation où sont aujourd'hui les choses, il y a lieu de tenir aux populations d'éleveurs du centre normand et aux conseils chargés de les représenter, le langage suivant : On ne marchande pas avec les gangrènes. Il faut les enlever, si on veut éviter d'être enlevé par elles. Tâtonner avec la double question que je viens de traiter, ce serait la manquer indubitablement. L'industrie herbagère, à cette époque de révolutions plus ou moins opportunes, attend une révolution radicale qui l'élève au niveau des autres industries nationales, pour lesquelles on appelle chaque jour des puissances surhumaines. Pour opérer cette révolution, il n'est besoin de recourir à aucun moteur inusité, mais seulement de revenir aux errements d'une économie mieux entendue, ne perdant jamais de vue, en ce qui concerne l'approvisionnement de la boucherie (1), ce principe de régénération sociale, en vertu duquel tous ceux qui ont droit d'élire les mandataires du pays, doivent avoir la faculté de manger de la viande. Quant à la seconde partie de la thèse (2), n'oublions pas que la catégorie de l'espèce chevaline, que nous empruntons annuellement à l'étranger, existe chez nous à l'état brut, et qu'il ne s'agit que de la réhabiliter par le *fini* qui lui a manqué jusqu'à ce jour ; songeons enfin, que des complications politiques peuvent d'un jour à l'autre nous fermer les marchés étrangers ; que d'ailleurs l'Angleterre qui, depuis un siècle, fournit l'Europe de chevaux *confortables*, finit par s'épuiser, et que, dans moins d'un demi-siècle peut-être, la France sera forcée non-seulement de renoncer

(1) Première division de l'industrie herbagère, se subdivisant elle-même en deux parties.
(2) Deuxième division de cette industrie.
L'industrie des beurres et des fromages ne forme qu'une subdivision.

à s'approvisionner chez elle, mais encore devra aspirer à rendre en ce genre de produit, les emprunts qu'elle a faits à sa voisine.

La question, comme on peut voir, vaut la peine qu'on s'en occupe.

J'ai dit qu'il serait facile d'obtenir un rendement double au moins des terrains secondaires du département du Calvados. Je vais essayer de le prouver. Les parties *silico-glaiseuses* en général, dont je m'occupe, sont ou appliquées à la culture des céréales, ou à l'engraissement d'animaux du poids de 150 à 200 kilos. Dans le premier cas, l'absence d'engrais et l'écoulement résultant de l'inclinaison des terrains accidentés, réduisent le rendement à cinq ou six fois la valeur de la semence. Si l'on déduit de cette valeur les frais de culture, qui sont considérables, en raison de la nature même du sol, on verra ce qui reste.

Dans le second cas, c'est-à-dire celui de pâture par des animaux de poids inférieur, on obtient de *trente* à *cinquante* francs de bénéfice par tête de bétail. C'est encore plus que dans le premier ; mais ce n'est pas assez, eu égard au chiffre de location et à la répartition imposable.

Si, essayant un autre mode d'exploitation, nous faisons élever sur les terrains sus-indiqués un certain nombre de veaux, nous changeons la nature de l'opération, il est vrai. D'immédiat, nous ajournons le rendement à long terme ; mais quelle plus-value dans le résultat ? Le même hectare qui aurait produit, année commune, la somme de quarante francs, soit *cent soixante francs*, donnera, au bout de quatre années cumulées, un bénéfice de *quatre cents francs*, prix d'un bœuf de quatre cents kilos. Il y a à prélever, il est vrai, la nourriture d'hiver, laquelle est payée et au delà, par la valeur du fumier et le travail qu'on peut tirer des animaux, dès l'âge de deux ans et demi.

Ce mode d'exploitation offre d'ailleurs l'avantage de permettre de n'employer les animaux de l'espèce chevaline qu'à une traction légère, et par conséquent de les prédisposer aux exigences du commerce de luxe.

Il importe d'insister sur ce point, parce qu'il démontre de la manière la plus évidente l'insuffisance de l'organisation des concours régionaux dans les pays d'élevage. Si nous appliquons au département du Calvados, par exemple, le résultat de leurs effets, nous resterons frappés de l'inégalité de l'encouragement, par rapport aux sacrifices faits pour l'obtenir. L'unique prime y a été, en effet, décernée à une ferme, bien dirigée sans doute, mais exploitée dans les conditions les plus favorables et en dehors de toute innovation, tandis que des établissements ayant, au prix d'efforts coûteux et persévérants, réalisé un progrès réel et inusité (1), ont été l'objet de simples encouragements honorifiques. Je dois m'abstenir d'applications directes, on le comprendra.

Le Mémoire cité plus haut, m'a paru, au reste, démontrer l'évidence que je viens de signaler, d'une façon concluante, et je ne puis qu'appeler l'attention de l'administration sur ce travail, dont la portée embrassant l'ensemble de l'élevage, en fait concourir les parties l'une par l'autre, à l'amélioration générale.

Lorsque me reportant vers le passé, je vois les idées qui servent de base à ce Mémoire, produites devant la Société d'agriculture de Pont-l'Evêque, dès l'année 1840, et de là arriver à la tribune du Congrès général tenu à Paris dans les années suivantes, je cesse de m'étonner, les trouvant rejetées au second rang vingt ans plus tard, de l'infériorité dans laquelle la France reste par rapport à l'Angleterre, pour cette branche si importante de l'économie publique. En agronomie comme en tout, le succès ne peut résulter de l'inconséquence et de l'incurie. Il me paraît opportun et utile de le rappeler en tout état de cause. Les filons aurifères une fois signalés, demandent encore à être exploités, pour produire leur valeur et jeter leur éclat.

La pierre d'achoppement pour l'application des idées pratiques largement exposées dans le Mémoire précité, dont je m'inspire, est le même écueil contre lequel viennent échouer la plupart des améliorations agronomiques : c'est le manque d'argent.

Il n'entre pas dans le plan de cette étude de traiter la question au

---

(1) Condition indiquée par le programme, ainsi que par les termes du décret organisateur des concours régionaux.

point de vue financier. Je dirai simplement ceci : c'est qu'un système de crédit agricole bien entendu me paraîtrait être à la hauteur
de la difficulté, ainsi que je compte bien le démontrer plus tard. Aujourd'hui j'ai à traiter de l'*utilité*, de la *nature* et de l'*efficacité* de
l'encouragement ; je ne puis m'écarter de ce plan.

L'industrie herbagère, en Normandie, n'est point à la hauteur de sa
mission. Dans l'état des choses, cette branche de l'économie agricole
reste en déficit vis-à-vis d'elle-même ; elle fait défaut dans son contingent contributif au rendement général du sol national, et expose le
pays à subir la nécessité de l'importation étrangère ; tel est le premier
point que je me suis proposé de traiter.

Dans un pareil état de choses, l'intervention de l'état est indispensable. Cette intervention exercée avec mesure et à propos, doit,
dans une période de vingt années, amortir le capital de la rente
annuelle payée par la France aux nations voisines, pour obvier aux
résultats de ce déficit ; telle doit être la seconde partie de mon travail.

Je viens d'exposer clairement, j'ose l'espérer, quoique très-suc-
cinctement, l'état des deux premières divisions (1) dont se compose
la question herbagère en ces contrées, c'est-à-dire l'engraissement et
l'élève du bœuf. Je vais entrer dans l'examen de la troisième, qui
n'est autre que l'éducation du cheval répondant aux exigences de
cette partie de la vocation, qui lui est attribuée par Buffon : de devenir *le compagnon de la gloire et des plaisirs de l'homme*:

Voici en quels termes j'ai cru devoir introduire cette partie de
la question devant l'*Association normande*, qui jusqu'alors avait négligé
de s'en occuper (2).

---

(1) Ou subdivisions.
(2) J'expliquerai plus loin les motifs qui m'ont décidé à prendre cette initiative.

Association normande. Année 1855.

Extrait des procès verbaux des séances.

———

« Les excursions sur le domaine du *Sport* ne sont pas, je le sais, dans les habitudes de l'Association Normande. Aussi n'eussé-je pas réclamé votre attention aujourd'hui, si l'éducation hippique ne se trouvait appelée, comme question d'économie industrielle et agricole, au concours ouvert par l'article 17 du programme de vos travaux, ainsi conçu:

Quelle est, en Normandie, l'industrie la plus profitable aux intérêts agricoles?

« Cette industrie, Messieurs, je dois le soutenir devant vous, c'est l'industrie qui consiste à élever et à préparer le cheval tel que le demandent le commerce de luxe et l'état-major de l'armée.

« Lui restituer ses droits héréditaires à la tête de nos industries, ce n'est point une terre nouvelle à découvrir, ce sont les débris d'un naufrage à retrouver.

« L'industrie équine n'est pas morte en ce pays, qui fut son berceau. Elle sommeille.

« J'ai cru répondre à l'esprit de votre institution autant qu'à vos patriotiques habitudes, en venant susciter son réveil du haut de cette tribune d'où sont déjà descendues tant de vérités économiques.

« Ce n'est ni le temps, ni le lieu d'entrer dans l'examen des causes qui ont amené un état de choses, qui fait chaque année sortir du pays plusieurs millions de francs, lesquels restaient autrefois en Normandie.

« Vous avez seulement, Messieurs, à signaler le mal, en imprimant à la question son véritable caractère, celui de crise commerciale et industrielle.

2

« Remontant le passé jusqu'à une époque où tout fut grand dans ce pays, nous y trouvons le cheval à son apogée. Comme le reste, il commence à s'amoindrir sous le règne suivant. La réponse de Louis XV, au duc de Lauraguais, en offre la preuve. Le duc, dans un accès de mélancolie, franchit le détroit. Au retour le Roi lui demande ce qu'il est allé faire en Angleterre. Apprendre à penser, repond le duc. Les chevaux, dit Louis XV.... Donc, a cette époque déjà, on *pensait* mieux sur les chevaux en Angleterre, et *on les pansait mieux aussi*....

« Que cette supériorité ait cessé, alors que la société elle-même était remise en question ; que plus tard, quand notre cavalerie était habituée à se remonter des chevaux de l'ennemi, on se soit peu occupé d'en faire pour elle, rien d'étonnant à cela. Mais, après une longue paix fractionnée en époques plus ou moins prospères, mais toutes industrielles, pour que l'industrie, mère de ces contrées, celle par laquelle elle marque dans les annales commerciales, soit restée tributaire de l'étranger, il faut à cela une cause grave, une de ces affections dont on cherche le siége au cœur. J'ose donc appeler votre attention sur cette lacune, dont se préoccupent les administrations civiles et militaires, les Sociétés d'Agriculture et de Commerce. La Société d'Agriculture de Caen a cherché la cause d'un mal dont elle déplore les effets, dans l'état de doute qui plane sur l'avenir d'une administration utile. La cause est malheureusement placée plus haut que cela ; elle n'est point administrative, elle est sociale, et, par le caractère de l'affection, s'élève à la hauteur de la consultation, que, par ma voix, elle vient solliciter de l'Association Normande.

« Les fortunes rapides et faciles qui sont un des caractères de notre époque, détournent les capitaux des spéculations à long terme.

« L'agriculture, manquant d'argent, cherche les rendements les plus prompts. De là vient que, depuis quelques années, le commerce des plantes oléagineuses allant bien, nous avons vu des écuries converties en magasins à huile.

« La question ainsi posée se simplifie toutefois. On a d'abord substitué à l'élève du cheval celui du bœuf plus facile et moins long ; puis, aux deux, on a préféré le rendement spontané du colza

(ce qui , au reste ne prouve rien contre les lumières du siècle).
Mais il résulte de cette préférence et de ce calcul, que le commerce du
cheval de luxe s'approvisionne en Angleterre et en Allemagne, et que
les remontes de l'armée, qu'on est obligé d'attendre pendant un an au
moins, ont coûté à l'État, en ajoutant à leur prix d'acquisition tous les
frais accessoires, le double de leur prix, quand ils entrent en campagne. Le maréchal Soult, ministre de la guerre en 1840, l'avait si bien
compris, qu'il voulut attacher les haras à son département.

« La campagne dernière a trouvé les remontes millitaires à peu
près suffisantes en nombre, mais les chevaux n'étaient pas prêts; pour
l'occurrence, c'était comme s'il n'y en avait pas eu. Quant aux marchands de Paris et des grandes villes, ils fréquentent les foires de York
et de Leipsick, beaucoup plus que celles de Caen et de Guibray.
Voulez-vous en connaître le motif, Messieurs? C'est qu'élève et éducation ne devraient faire qu'un, tandis que malheureusement, en Normandie, ils font deux. Voilà la racine du mal qu'il faut extirper. Le
rapporteur de la Société d'Agriculture de Caen conclut à ce que :
*le Gouvernement donne à l'administration des haras, les développements
nécessaires pour assurer l'amélioration de l'espèce normande, et élever la
production à la hauteur des besoins...*

« L'Administration du Calvados a formulé un plan d'écoles de
dressage tendant au même but : l'amélioration de l'*espèce* (celle du
cheval, bien entendu).

« Mais, pour dresser l'animal intelligent, il faut commencer par
former l'*intelligence servie par des organes*. C'est-à-dire , pour parvenir
à faire des chevaux commerçables, il faut d'abord créer des palefre-
niers qui comprennent le commerce: or, c'est ce qui nous manque.
Pour *matérialiser* cette idée, on pourrait dire que si le *groom*, en
Angleterre, est une machine qui fonctionne encore, alors qu'elle marche irrégulièrement, le palefrenier, en Normandie, est trop souvent
un engrenage qui broie les membres qu'il saisit.

« Un homme que l'administration ne saurait trop regretter, le che-
valier de la Place, mort inspecteur général des haras, disait qu'il *fallait
avoir le cheval dans l'œil*. Me sera-t-il permis d'ajouter à cette sentence

que les populations des pays d'élèves devraient avoir le cheval dans le cœur, et n'oublier jamais la définition faite par Buffon, de *ce fier animal donné à l'homme pour partager ses travaux et sa gloire*... Si les nationalités nomades de l'Arabie sont restées les premières reproductrices de la plus noble créature de l'auteur de toutes choses, après l'homme, c'est qu'elles ont l'intuition innée de cette maxime, qu'elles pratiquent héréditairement.

« Si l'Angleterre, essentiellement industrielle, n'a pas inscrit l'état civil du cheval au titre des personnes, comme le font les Arabes, au moins en a-t-elle fait un article de haute production, presque un objet d'art. Nous ne voyons en lui qu'un produit agricole; telle est la cause qui nous coûte 15 millions au moins annuellement (1). De la connaissance d'un mal, à l'application du remède, il ne devrait y avoir qu'un pas. C'est pour rendre ce pas le plus court possible, Messieurs, que j'ai cru devoir vous entretenir d'un sujet en apparence étranger à la nature de vos délibérations, mais qui s'y rattache incidemment.

« Après avoir cherché des moyens nouveaux d'atteindre le but proposé, j'examinerai si, parmi ceux qui existent, il n'y en aurait pas de négligés. Une loi réprime les mauvais traitements envers les animaux domestiques ; une société s'est formée pour assurer l'exécution de cette loi. Eh bien! la loi sauvegarde des intérêts de l'éleveur, est presque lettre morte en cette contrée d'éleveurs, et la société protectionniste n'y compte que très-peu de membres. Le succès est rarement le prix de l'inconséquence, en industrie comme en tout. Veuillez y songer.

« Nous sommes citoyens d'un pays où l'on rit même des choses sérieuses, je le sais; et cependant, au risque de provoquer l'hilarité de cette grave assemblée, je dois l'entretenir d'un moyen de moralisation que j'ai déjà indiqué comme devant contribuer à l'amélioration de l'élevage: je veux parler des sociétés de tempérance, que les Anglais ont appelées à leur aide. Je reconnais d'autant plus l'opportunité de ce moyen, que, grâce aux intelligentes recherches et aux publications zélées de l'honorable secrétaire de l'Association, il y a lieu d'espérer qu'à

(1) **En ce qui concerne la production de trois départements seulement, Calvados, Orne, Manche.**

l'avenir, on boira, dans notre excellente Normandie, de meilleur cidre que celui qu'on y fabrique généralement (1). Entre les sociétés de tempérance et l'élevage, il semble exister peu de rapport; il y en a beaucoup cependant. La sobriété est la première vertu de ceux qui sont chargés de diriger l'animal auquel est confiée leur vie et souvent celle d'un certain nombre de personnes. Ils doivent être rangés dans la catégorie des mécaniciens, chauffeurs et conducteurs de ces locomotives poussées par la vapeur, auxquelles le cheval semble avoir emprunté une âme. A ces hommes responsables de la vie de leurs semblables, la tempérance ne saurait être imposée par des lois trop sévères...

« Ici, Messieurs, doit être le terme de ma mission près de vous. Je vous ai signalé les sommets, sachant que vous sonderez les profondeurs.

« Voué, dès mon entrée dans la vie sérieuse, à une idée, la réhabilitation commerciale du cheval élevé en Normandie, il m'a fallu prendre, pour arriver, les sentiers oubliés et souvent très-obstrués. Je me suis glissé comme j'ai pu, à travers les fondrières, c'est-à-dire les habitudes et les idées préconçues (2).

« Enfin cette idée, longtemps à l'état de symptôme instinctif chez les populations agricoles et herbagères de ces contrées, a reçu accueil dans le sanctuaire de la discussion. Elle est aujourd'hui revêtue de la forme officielle. Il ne lui restait plus qu'à obtenir votre visa. Je viens donc le solliciter pour une industrie devenue étrangère, qui réclame son droit de cité. Proclamant l'élève du cheval la première industrie normande, la plus profitable à ce pays, vous aurez fait justice au droit et à la raison. Restaurant ainsi la pensée des fondateurs de la race normande et de la race anglaise, sa sœur *puînée*, vous aurez assuré un puissant moyen de défense à l'État, une notable ressource au commerce, vous

____

(1) M. Morière, auteur d'une instruction sur la fabrication des cidres.

(2) L'ironie déguisa souvent le découragement, dans mes publications. Le lecteur aura pu en faire la remarque. L'article publié dans le *Figaro*, à l'époque de l'exposition des reproducteurs, (article auquel quelques membres du jury ont fait l'honneur de s'en fâcher) n'avait pas d'autre cause. J'étais, — nous étions, — bien innocents.....

aurez enfin sanctionné le vœu instinctif du pays, déposé dans les rapports de la Société d'agriculture de Caen.

« Si ma voix, en vigie attentive, signala quelquefois l'écueil, il doit m'être permis, alors que le rivage que j'indiquais sous les brumes, apparaît aux yeux de tous, de venir déposer sur votre bureau ma modeste contribution à la masse de notre nationalité. Le premier j'ai défini le sentiment public ; c'est là mon seul mérite. »

L'Association normande n'a, comme action réelle et immédiate, qu'une portée restreinte, (trop restreinte peut-être). Mais si l'on considère cette institution dans son but, et pour l'influence morale, qu'elle est appelée à exercer, l'on peut se rendre compte de l'opportunité qu'il y avait à saisir de la question hippique, (élargissant le cercle de son programme), une juridiction officieuse qui, semblable à l'opinion publique, sans relever d'aucun tribunal, casse ou confirme les arrêts de tous. En prenant cette initiative, j'ai donné le signal de la révolution qui s'opère dans l'économie d'une branche importante de l'agriculture française, et crois en cela avoir rendu un service réel.

Deux ans étaient à peine écoulés que, consulté par M. le général Fleury, chargé par l'Empereur d'étudier la question, j'adressais à cet officier général la lettre que tous ceux qui s'intéressent à cette question ont lue, et dont je crois devoir citer les principaux passages.

Cette brochure porte pour souscription : *un ancien membre du Jockey-club* ; je n'ai pas besoin d'insister sur l'apropos de cette signature (1). Le chapitre suivant, en résumant les circonstances dans lesquelles était l'encouragement hippique à cette époque, fera ressortir la portée de la *lettre* adressée au printemps de 1857, à *M. le général Fleury, premier Ecuyer de S. M. l'Empereur, par*

______

(1) Le rapport de la Commission, convoquée depuis, fait assez ressortir cet à propos. Il fallait à la fois avoir été membre du *Jockey*, et être devenu éleveur Normand, pour pouvoir formuler un arbitrage entre les deux systèmes.

un ancien membre du Jockey-club. Je reproduirai donc avant ce chapitre, les citations que je crois devoir emprunter à cette lettre, à laquelle M. le Directeur général actuel voulut bien alors donner son assentiment. Ainsi, le lecteur sera mis à portée de juger jusqu'à quel point ce travail a été pris en considération, dans l'exposé des motifs du décret rendu le 19 décembre 1860, — lequel pourvoit à la réorganisation de l'administration des haras de l'Etat.

Voici les passages de la brochure qui m'ont paru avoir dessiné l'avenir (1).

La question des haras, sous le régime parlementaire, était tombée dans l'hyperbole. Tiraillée par les systèmes et les intérêts locaux, ballotée de session en session, quelques praticiens la prenaient encore au sérieux, le plus grand nombre la saluait de ce sourire compatissant accordé à une utopie humanitaire dans un programme philantropique.

En 1840, appelé à soutenir les hommes et les choses hippiques devant le Congrès général d'agriculture, je ne pus esquiver cet argument qui me fut opposé : Les résultats que vous signalez ont-ils obtenu que le Ministre de la guerre et le commerce de luxe ne soient pas obligés d'acheter à l'étranger ?...

Quinze années ont passé. Examinons sans partialité (comme il convient à qui veut arriver à la vérité) les changements qu'elles ont apportés à la question qui nous occupe. La guerre (cette guerre d'Orient qui *couvait* alors) éclate. Le ministre qui préside aux armements, le successeur du duc de Dalmatie, si sévère envers l'administration des haras, demande à ce service s'il est en état de remonter les siens. Réponse affirmative du chef qui le dirige ; et, en cela, le Directeur des haras était matériellement

(1) Il sera facile de se rendre compte du degré de confiance dont la nouvelle administration a bien voulu honorer mes idées d'alors, idées mûries, mais confirmées par l'événement.

dans le vrai. Le nombre de chevaux énoncé par lui est bien à peu près celui que peut offrir la production indigène ; seulement ces animaux ne sont pas prêts. Une éducation de plusieurs mois est nécessaire à tous, le plus grand nombre a besoin d'une ou deux années pour entrer en campagne. On s'aperçut, à l'affaire de l'Alma, qui selon le maréchal de Saint-Arnaud, *eût pu hâter la fin d'une campagne*, dont un autre devait recueillir la gloire, de ce que peut causer l'absence de la cavalerie.

Or pourquoi cette cavalerie était-elle absente ? Parce qu'on ne forme pas des escadrons d'élite aussi vite qu'on choisit des bataillons d'infanterie éprouvés. On a vu remporter des victoires avec des conscrits ; jamais on ne fera la guerre avantageusement avec des poulains de quatre ans mal élevés.

La question est là. Elle y est tellement, que cette cause de l'éducation défectueuse est aussi celle pour laquelle le commerce de luxe abandonna les foires de Caen et de Guibray pour celles de Leipsick et de Lancastre (1).

Est-ce à dire que l'administration des haras doive être seule responsable d'un état de choses qui fait sortir annuellement du pays *vingt-cinq millions de francs ?*

Si après être remonté au décret organique de l'année 1806, par lequel l'Empereur rétablit cette institution, on passe en revue les diverses instructions qui suivirent ce décret, nulle part on ne trouve la preuve qu'on se soit préoccupé du côté *moral* de la question, si je puis m'exprimer ainsi.

Or ce n'est pas tout que créer des chevaux réguliers ; il faut aussi qu'on puisse *s'en servir*.

Laissant de côté la région du midi de la France, où l'on fait le cheval à moins de frais, mais où il n'atteint pas en général des prix élevés, occupons-nous des départements de la Norman-

____

(1) Les habitudes du commerce normand y furent aussi pour quelque chose. Il y avait incompatibilité entre ces habitudes et celles admises par les pourvoyeurs de l'aristocratie, qui les leur impose.

die, les seuls qui puissent rivaliser avec les premiers centres producteurs hippiques de l'Europe, tels que les comtés d'York, l'Irlande, le comté de Norfolk, etc. Ce rapprochement est d'autant plus naturel, qu'à peu d'exceptions près, c'est de ces dernières contrées qu'ont été importés les types reproducteurs appliqués à la régénération indigène, depuis l'année 1846. Dans quel état ces agents ont-ils trouvé la production en Normandie à cette époque? Viciée dans la forme et dans le fond. On s'est occupé, depuis lors, de la défectuosité physique; on a négligé la défectuosité morale. Et comme la génération est obligée de se refaire par elle-même, à défaut d'un nombre suffisant d'agents étrangers, il en résulte une race belle et assez analogue à ses auteurs primitifs, mais dont l'emploi est difficile, et cela en vertu de cette logique naturelle qui veut que les plantes parasites prennent le dessus du bon grain, partout où manque la culture.

A cela, l'administration des haras ne peut rien, surtout lorsque l'administration de la guerre, en achetant les chevaux, dès l'âge de quatre ans et sans essai aucun, lui ôte toute puissance *extirpante* sur des vices souvent *redhibitoires*, toujours *dirimants*. Comment parvenir, en effet, à obtenir des éleveurs qu'ils gardent leurs chevaux jusqu'à l'âge de cinq ans, et qu'ils s'occupent de leur éducation, lorsque la remonte militaire les prend à quatre, *au bout de la longe*, et sans essai aucun?

Le maréchal Soult, duc de Dalmatie, et M. le général de division marquis Oudinot, depuis duc de Reggio, ne paraissent point avoir pesé cette considération lorsqu'ils formulent leurs griefs contre les haras, dont l'administration ne peut être responsable de la lacune qui existe dans son programme. C'est à cette lacune seule qu'il faut attribuer le cercle vicieux dans lequel la production indigène, celle de la Normandie surtout, a tourné, depuis que ce programme incomplet a été redigé. Combler ce vide devait être la préoccupation première du pouvoir.

La question des haras est arrivée au gouvernement actuel à l'état de chaos; et, comme on rit de tout en France, on plaisantait sur ce regrettable temps d'arrêt d'une industrie nationale (1), comme s'il était permis de rire d'un malentendu qui pèse vingt-cinq millions de francs sur le chiffre attribué à l'importation, dans les transactions internationales.

Le successeur de Napoléon Ier a compris que là aussi, il y avait quelque chose à faire; et, comme le plus pressé était de *redresser* une génération parvenue à l'âge du commerce et du service militaire, Sa Majesté a autorisé qu'en même temps qu'on formait des écoles de dressage pour les remontes militaires, un établissement serait organisé sur les plans du *Tattersall de Londres*, dans le quartier du sport, à Paris, établissement dans lequel les produits indigènes français seraient vendus, immédiatement quand ils seraient en état d'être essayés; et préparés à la vente, lorsque l'éleveur ne pourrait ou ne voudrait se charger de ce soin. En administration comme en médecine, on n'arrive au bien que graduellement et après avoir borné son succès pendant quelque temps, à arrêter le mal. Ce serait donc tomber dans une grave erreur que de juger l'établissement fondé à Beaujon, sur son action et ses résultats actuels; un bazar de vente à la criée, terme infime de la question, c'est-à-dire l'écoulement des animaux qu'on ne peut vendre autrement. La production indigène n'a point encore apporté son contingent au *Tattersall*, de même qu'elle n'eût peut-être pas brillé à l'exposition des reproducteurs hippiques, si cette exposition eût eu lieu cette année, par la même raison que la cavalerie française ne poussa pas la victoire de l'Alma jusqu'à sa suprême puissance. Cette raison, c'est qu'elle n'est pas arrivée.... mais elle est en route. S'il peut encore exister, en diplomatie, des *questions réservées*, il ne peut y avoir de problèmes économiques insolubles à une époque qui a vu raser Sébastopol et terminer le Louvre (2).

(1) Tel fut le motif de la tournure ironique que j'ai donnée aux *Lettres d'un éleveur*. Je pouvais bien plaisanter, alors que l'administration elle-même ne se prenait plus au sérieux.

(2) Depuis que ces considérations ont été écrites, l'événement les a pleinement confirmées. Le *Tattersall* a fait défaut. Les établissements créés selon les mêmes vues, dans les *chef-lieux* d'élevage, réussiront-ils mieux ?... Telle est la question du moment.

Par quels moyens peut-on arriver à tirer la question des haras du cercle vicieux dans lequel on l'emprisonna à sa naissance? Comment doit cesser le malentendu qui en est le résultat entre la production indigène et le commerce de luxe? C'est ce que je vais essayer de vous soumettre, Général.

Dans toute entreprise industrielle, il faut, avant d'entrer dans l'examen des moyens d'action, débarrasser la question des vices négatifs qui l'obstruent. Procédant ainsi dans l'analyse de l'importante question de l'industrie chevaline en France, je lui assignerai quatre termes, que je développerai successivement.

Lorsque, dans sa prévoyante sagesse, l'empereur Napoléon Ier ordonna la réorganisation d'une administration des haras de l'État, il fut bien établi que cette institution avait pour but, *d'aider l'industrie, jusqu'au jour où on reconnaîtrait l'opportunité d'abandonner cette industrie à elle-même.* Le moment prévu par le décret organique est-il arrivé? Je n'hésite pas à répondre négativement, et j'ajoute : Quelle époque, en persévérant dans les errements suivis par l'administration des haras depuis sa création, peut-on assigner à l'accomplissement de sa mission? L'autre moitié du siècle et le siècle suivant peut-être n'y suffiraient pas, par la raison que cette institution fonctionne sur une base défectueuse. Doit-on la considérer comme pouvant, après avoir rendu de réels services depuis 1806, arriver à la réalisation complète de son programme, c'est-à-dire *créer en France des chevaux qui satisfassent à la fois aux exigences du commerce de luxe et aux besoins des remontes militaires ?* Oui, sans doute, mais à la condition de modifier ce programme.

Il faut, de toute nécessité, que l'éleveur sache parfaitement ce qu'on lui demande d'abord, puis quel prix il peut espérer obtenir du produit créé selon les goûts et les besoins du consommateur. Or dans l'état de choses et avec les habitudes admises dans ce commerce en France, je maintiens qu'il y a malentendu entre le consommateur et le producteur. Le premier ne définit pas ce qu'il veut, et achète à l'étranger; le second ne sait pas ce qu'on lui demande, et croit avoir rempli sa mission, lorsqu'il a fait naître

des produits issus des types appréciés par la remonte. Ils tourne-
raient cent ans dans ce cercle vicieux, sans se rencontrer.

Enfin, je poserai ce terme extrême à la question :

L'État est-il certain, en adoptant une marche plus rationnelle et
plus complète, d'obtenir la solution du problème cherché, et de
voir arriver le jour où il pourra s'effacer devant l'industrie nationale? Oui, avec autant de certitude que lorsqu'il fit établir les premiers chemins de fer. Il est bien moins difficile de créer, en France,
le genre de chevaux qu'on importe annuellement d'Angleterre et
d'Allemagne, qu'il ne l'était de nationaliser les routes ferrées, lorsque
le gouvernement entreprit de le faire (avec des ouvriers anglais,
il est vrai dans l'origine). — Mais, de même que les artisans ap-
pelés de l'autre côté du détroit, formèrent bientôt, parmi les nationaux, des hommes en état de les imiter, de même, en empruntant s'il le faut, au début, à l'Angleterre, des grooms et hommes
de cheval, comme on lui achète les types ou agents reproducteurs de cette espèce, en coordonnant le tout dans un système
d'éducation combiné avec intelligence et suivi avec fermeté, on
arrivera en peu d'années à rivaliser avec l'élevage anglais, à soutenir sa concurrence, si on ne la détruit complétement. Des entreprises plus étonnantes que celle-là ont été réalisées, des impossibilités
plus réelles ont été surmontées en France. Lorsqu'on aura résolu
celle qui nous occupe, on s'étonnera d'avoir marchandé aussi
longtemps avec elle.

Que faut-il, en effet, pour mettre les éleveurs français à portée
de suivre les errements de l'élevage anglais? Des hommes qui
pratiquent et professent ces errements. Que faut-il pour décider
à imiter la méthode proposée? La perspective de gagner plus qu'en
faisant autrement. Voilà tout le mécanisme de cette conception.
Jamais rien de plus simple ne fut proposé à l'industrie et à l'économie publique.

Attaquons carrément les obstacles *négatifs* dont il est urgent de
débarrasser l'industrie chevaline d'abord. Avant d'entreprendre de
pratiquer les générations qui naissent, il faut songer à faire naître

ces générations *praticables*. C'est ce dont on se préoccupe peu. Un cheval a bien couru; on en fait un étalon, sans s'assurer de son caractère ni des garanties qu'il peut offrir à une saine et utile reproduction.— C'est un tort; mais un bien plus grand, est de livrer à la reproduction des produits *non tracés* d'une génération (vicieuse à son origine) se continuant par elle-même, et cela sans épreuves, sans essais *d'assainissement*. Quand on réfléchit à un tel état de choses, on s'étonne que l'incurie puisse rester à ce degré, et que ses résultats ne soient pas encore plus désastreux...

Un instant on s'engagea dans une voie utile et rationnelle à cet égard; mais cela ne dura pas, et les épreuves et courses d'essai pour les reproducteurs furent abandonnées. On a reproché à l'administration des haras de marcher par *soubresauts*; il était difficile qu'il en fût autrement, avec les oscillations du régime parlementaire. Mais aujourd'hui que le Gouvernement a imprimé une allure nette à toutes choses, que tant de *nœuds gordiens* ont été tranchés, je ne comprendrais pas que le principal agent de locomotion animé, le cheval, restât *distancé*, si ce n'est par la vapeur, qui est un élément double. On doit insister sur ce point, parce que c'est la base de l'industrie chevaline.

Il existe à ce sujet un autre malentendu qui compromet notre prospérité commerciale et le succès de nos armées à la fois.

Ne pouvant donner tort à personne, il est peut-être convenable de dire que, dans cette trop longue discussion, les deux partis avaient raison (1).

Sans doute il est à déplorer que les chevaux achetés pour les divers services militaires ne tournent pas tous également bien, et qu'aucun ne soit en état de faire un service immédiat; mais il faut s'attendre à voir cet état de choses, qui coûte à l'État, chaque année, plusieurs millions de francs, se prolonger, autant que les commissions de remonte n'auront pas adopté un autre mode

(1) On a pu en faire la remarque dans le rapport adressé au Chef de l'État, rapport à la suite duquel l'administration des haras vient d'être réorganisée. Ce rapport offre le caractère d'une transaction.

d'achat. Le simple bon sens veut qu'il en soit ainsi. Comment peut-on demander, en effet, à l'éleveur de pratiquer ses produits, et de les conserver jusqu'à cinq ans, lorsque les commissions de remonte les prennent à quatre, et se les font livrer au bout de la longe sans aucun essai? A cela l'honorable général chargé de l'inspection de ce service répond : *Mal pour mal, je dois préférer des animaux bruts à des animaux éreintés.* Qu'il me soit permis de répondre : La Normandie, où les commissions de remonte exercent un véritable monopole, fera, quand on voudra l'y obliger, des chevaux prêts, sans être *ruinés*, le producteur pas plus que le produit (1).

Je crois avoir assez clairement indiqué la situation pour qu'il ne soit pas nécessaire d'insister. J'ajouterai seulement que le rétablissement de l'ordre normal dans l'ensemble de l'industrie chevaline, en France, pourra être reconnu à un signe certain : ce sera le jour où l'État, principal acheteur et exerçant par cela même une action absolue sur le commerce du cheval en Normandie, n'y moissonnera plus qu'après le commerce de luxe. C'est une révolution économique que je prêche, comme on peut voir; mais c'est une révolution aspirant à rentrer dans son lit...

C'est toute l'économie de l'élevage et de l'industrie chevaline qu'il s'agit de remanier. Ce n'est point la suppression de l'administration des haras, mais sa réorganisation sur des bases nouvelles qu'il importe de décréter.

Quelles doivent être ces bases? celles qui peuvent garantir une saine reproduction et une éducation convenable. C'est un devoir de ne dissimuler aucun côté de la situation, quelque grave qu'il puisse paraître (2). Reconnaissons d'abord ce point déplorable, mais trop réel : un tiers au moins des étalons employés par l'Etat à la reproduction chevaline du pays, est atteint de vices *héréditaires* et *transmissibles* qui rendent le cheval impropre à tout service. Que serait-ce si l'on scrutait la valeur des étalons particuliers, autorisés ou non?,..

(1) La réunion des fonctions de Directeur général des haras et d'Inspecteur général des remontes militaires effectuées depuis, a pour but de pourvoir à cette difficulté.

(2) Je me fais un cas de conscience de remplir ce devoir jusqu'au bout...

Et, quand on réfléchit que cet état de choses date de plus de cinquante ans, que depuis cette même période, on achète les produits résultant d'une telle génération sans exercer aucun contrôle, sans tenter aucune réforme, et qu'ils sont périodiquement appliqués à la reproduction, on doit penser qu'il faut que les races françaises aient été heureusement douées à l'origine, pour n'être pas devenues plus mauvaises en suivant le système d'éducation qui nous les a transmises dans l'état où nous les trouvons. On cesse aussi de s'étonner que les divers gouvernements qui ont dirigé les affaires du pays pendant cette période aient reculé devant une telle vétérance de vices. Il ne fallait rien moins que l'omnipotence jointe à une volonté intelligente et ferme pour attaquer avec succès cette *routine incrustée...*

Le moyen consiste dans un système de primes utilement gradué et combiné, dans l'augmentation du prix d'achat et les conditions d'âge et d'essai *scrupuleux*. Étant décidé tout à coup que les achats qui étaient faits jusqu'ici par les commissions de remonte, depuis l'âge de trois ans et demi, n'auront lieu à l'avenir qu'à l'âge de cinq ans révolus, il en résulterait une perturbation dans l'élève et le commerce, s'il n'y était pourvu.

C'est ici qu'apparaît l'utilité d'établissements analogues à *ce que devrait être le Tattersall*, et non à ce qu'il a été. Ces établissements coûteront cher, mais ils sont indispensables. Doivent-ils être civils ou militaires ? Je n'hésite pas à opter pour la première forme, par la raison qu'ils ne peuvent exister qu'à la condition d'être à la fois agricoles, et que l'agriculture et les armes s'allient mal de nos jours (1).

Il existait, sous l'ancien gouvernement, une école des haras. On l'a supprimée ; je ne dis pas qu'elle fût indispensable. Mais on n'a rien mis à sa place, et, il faut bien le reconnaître, aujourd'hui en

(1) Une partie des moyens indiqués ici, a été adoptée. Mais le principal reste à décréter. Ce sont des écoles d'*élevage*, plutôt que de dressage, qu'il conviendrait de créer à présent ; ou une combinaison qui réunirait les avantages offerts par ces deux genres d'établissements.

France, l'éducation de l'homme de cheval, comme celle du cheval lui-même ne tient à rien. On forme chaque année un certain nombre d'officiers et de cavaliers pour la défense du pays. Il existe, à Paris et dans les grandes villes, des manéges civils particuliers, mais cela ne constitue pas une institution qui puisse agir sur l'ensemble et l'économie de l'éducation chevaline.

Or pour faire des chevaux, il faut des hommes de cheval que nous n'avons pas. Aussi indiquerai-je la nécessité d'en créer au plus tôt, comme le premier moyen d'action à employer dans cette branche si importante, mais si arriérée, de notre industrie agricole.

Former des cavaliers et palfreniers, créer enfin en France une profession qui réponde à ce que sont en Angleterre l'entraîneur et le groom : tel doit être le point de départ. Aussi est-ce surtout à ce point de vue que j'envisage les écoles que je proposerais de créer, dans lesquelles l'institution de la nouvelle administration modifierait ce qui est défectueux dans le programme de l'ancienne, et suppléerait à ce qui lui manque. Cette institution, basée sur les besoins du commerce et de la remonte, présiderait à toute l'éducation du cheval, depuis sa naissance, dont elle surveillerait les éléments, jusqu'à son entrée dans la vie industrielle ou militaire. Ses résultats, avec une direction sage et intelligente, seraient assurés et prompts (1).

Si l'on ajoute au chiffre attribué à l'entretien des haras, celui des sommes accordées chaque année, à l'encouragement dans l'ordre actuel, on ne trouvera pas une grande augmentation de dépense pour l'entretien des établissements que je proposerais de lui substituer ; et il est certain qu'en dix années on retrouverait, par l'accroissement du revenu, le capital dépensé pour les frais d'établissement. Ceci vaut la peine d'y réfléchir ; mais, le gouvernement fût-il contraint à des sacrifices pour sortir de l'impasse dans laquelle l'a acculé l'arriéré d'incurie de ceux qui l'ont précédé, il n'y

(1) On peut juger par ces bases en quoi l'établissement des écoles de dressage laisse à désirer ; utiles au présent, elles sont complétement insuffisantes pour assurer l'avenir.

aurait pas à hésiter ; c'est une de ces situations forcées où l'on est obligé d'escompter l'avenir...

Il ne faut pas perdre de vue qu'avec l'ordre de choses actuel, la France porte chaque année vingt-cinq millions à l'étranger. Si, au moyen des changements que je propose d'adopter, elle n'en portait plus que dix, et que, pour y parvenir, on ne dépensât que 100 millions, il y aurait déjà bénéfice ; et je doute que les frais d'établissement, joints au supplément de dépenses occasionnées pour l'entretien de l'administration nouvelle, arrivassent à ce chiffre en vingt années (1).

On dit que le cheval est un animal aristocratique ; cela est vrai. Il n'est peut-être pas irrationnel d'attribuer sa dégénérescence en France, depuis la fin du siècle dernier, aux habitudes démocratiques qui des lois ont passé dans les mœurs. L'aristocratie *boursière*, fille posthume née de la décomposition sociale, ne sait pas dépenser ; elle *lésine* ou elle gaspille. L'éducation du cheval demande des dépenses faites avec la régularité et l'intelligence habituelles aux gens qui, ayant joui du superflu dès leur naissance, ont été élevés dans l'idée que, ainsi que la noblesse, il oblige.

Si nos races ont dégénéré en France depuis le règne de Louis XV, tandis qu'elles s'amélioraient en Angleterre, c'est qu'un grand changement s'opéra, à cette époque, dans la physionomie des deux nations. Chez l'une, la royauté s'était effacée devant les lords, tandis que, chez l'autre, c'est le peuple qui l'envahit. Cette remarque est juste ; la preuve, c'est que nos races de luxe seules ont dégénéré, tandis que les races destinées au travail ont continué à prospérer. Le règne de Napoléon Ier, voué à une guerre continuelle, ne pouvait pourvoir à cette nécessité. La première époque de l'Empire consomma beaucoup de chevaux ; il appartient à la seconde de créer en cela, comme dans le reste, un régime nouveau des débris de l'ancien....

(1) Je présenterai plus loin le résultat d'un calcul concluant sur ce point.

3

C'est à l Etat, *seul privilégié héréditaire* (1) en France aujourd'hui, que l'obligation incombe de remplir, à l'égard de l'éducation du cheval de luxe, le rôle protecteur que s'attribua l'aristocratie anglaise, et qu'elle conserve encore, alors même que cette industrie popularisée par elle est devenue l'une des branches les plus productives de l'économie agricole du pays. Ce n'est pas seulement pour l'élevage, mais pour tout l'ensemble de l'agriculture, que l'intervention du gouvernement est indispensable. Il doit frayer le chemin à l'industrie qui, en France, ne voit que le connu, et est routinière par tempérament.

Quand on dit que nos races nobles ont dégénéré, il faut encore s'entendre. Depuis la paix faite en 1816 avec l'Angleterre, les reproducteurs importés de ce pays ont créé une génération présentant une analogie évidente avec eux. Mais ces produits sont mal élevés ; c'est là surtout qu'existe la différence. Quand on voudra élever convenablement les issus des races que l'on rencontre aujourd'hui dans plusieurs départements de la France, ils vaudront la généralité des chevaux élevés en Angleterre ; cela ne peut faire doute pour qui a étudié cette question. C'est donc sur ce point surtout qu'il importe d'appeler l'attention du Gouvernement, lequel est, je crois l'avoir suffisamment démontré, seul en position de faire face au présent. Dans l'indispensable nécessité qui nous occupe, un des plus puissants moyens d'action qu'on puisse employer, après les réformes des étalons, est la castration de tous les poulains reconnus impropres à la reproduction ; et c'est la majorité. (2)

Il faut aussi adopter une autre hygiène, car il est matériellement impossible que des animaux *ayant manqué de nourriture et de soins, élevés à l'état de vaine pâture jusqu'à l'âge de trois ans, puis renfermés sans exercice et poussés à la graisse,* puissent présenter

(1) Le duché de Malakoff et autres apanages maintenus sont des exceptions qui confirment la règle.

(2) Ce serait d'ailleurs une mesure utile pour prévenir les nombreux accidents qui ont lieu sur les routes publiques, par suite de l'emploi de chevaux entiers.

les conditions de santé nécessaires à un bon service. Avec un tel régime on peut faire des bœufs peut-être, mais on ne fera jamais des chevaux.

Pour obtenir des populations qu'elles apprennent à faire le cheval dans des conditions de service utile et immédiat, il faut commencer par leur en faire comprendre l'importance. Comment y parviendra-t-on en France, où il n'y a pas, comme en Angleterre, des chasses où les *gentlemen farmers* et *tenants* puissent amener leurs produits avec la certitude qu'ils seront appréciés et vendus ce qu'ils valent? En instituant des épreuves multiples et périodiques, qui fournissent aux éleveurs l'occasion d'essayer leurs produits, et en leur offrant la chance d'en retirer plus qu'ils ne leur auront coûté à élever; en confiant la direction de cette institution à des hommes qui soient à la hauteur de leur mission (1).

Pour éviter tous conflits, ne serait-il pas convenable que la direction suprême de la régénération hippique fût attribuée au ministre de la maison de l'Empereur.

Le problème à résoudre est de faire comprendre à l'élevage, par des faits et des chiffres, qu'il a avantage à travailler en vue du haut commerce (2). Un tiers des chevaux élevés aujourd'hui en Normandie ne peut être utilisé; un autre tiers remonte les corps de réserve, quand il échappe aux maladies et aux accidents, suites inévitables de son éducation.

Reste un tiers, dont le commerce s'arrange tant bien que mal, et qui, toutes épreuves et chances de pertes ayant été traversées, par un bienfait de cette providence qui veille *sur les enfants et les ivrognes*, deviennent d'excellents serviteurs fournissant la preuve irrécusable des qualités inhérentes à l'espèce.

---

(1) Les dispositions du décret réorganique, en donnant la haute-main au Directeur général des haras, paraît avoir pourvu à cette lacune.

(2) Et par suite, de la remonte d'état-major. En cherchant à faire quelques chevaux de tête, on fera beaucoup de chevaux ordinaires, et on rendra les médiocres commerçables. Toute la question est résumée dans ces trois conditions.

Dans ce genre d'entreprises, dont les résultats ne doivent pas être immédiats, il faut une première mise de fonds, dont l'emploi doit être surveillé avec intelligence et exactitude. En cela l'intervention du Gouvernement est indispensable pour le présent. Plus tard, l'industrie y viendra d'elle-même, lorsqu'elle aura reconnu que, sur cette terre nouvelle, il y a honneur et profit à recueillir. L'administration qu'il s'agit de créer doit être *libre dans ses allures* comme les produits qu'elle aura mission de surveiller. Pour ce motif, il y aurait convenance à la soumettre à une surveillance émanant plus directement du chef du pouvoir, devant lequel disparaisse tout esprit d'antagonisme, et qui peut disposer, sans contrôle, d'un budget extraordinaire attribué aux objets d'art, parmi lesquels doit être rangé le cheval élégant et confortable. Mais, si le rayon qui réchauffe et vivifie vient d'en haut, il ne faut pas oublier que le soleil lui-même ne peut faire mûrir le grain qu'à la condition qu'il aura été confié à une terre convenablement préparée. Ce principe d'histoire naturelle démontre que les établissements servant de point de départ à l'industrie équine, de quelque branche administrative qu'on les fasse ressortir, doivent avoir l'agriculture pour corollaire, sinon pour principe. On ne réédifie utilement qu'en consolidant les bases. Si l'on ne fait que boucher les *lézardes*, on *replâtre*, mais on ne fonde pas.

Si l'on rapproche le document qui précède de l'esprit du rapport fait à l'appui du décret du 19 décembre 1860, et des termes du décret lui-même, on y rencontre une analogie flatteuse pour celui qui l'a écrit.

Il existe cependant dans le décret, comparé au travail de 1857, une lacune que l'auteur de ce travail crut devoir signaler dans la lettre qu'il adressait à M. le général Fleury, pour le complimenter sur son avènement à la direction des haras. Cette lettre se trouve, ainsi que les réflexions qui l'accompagnent, dans un journal de Caen, l'*Ordre et la Liberté*.

Cette simple note d'une feuille de province paraît avoir une certaine portée, à la suite de la réclamation implicite qu'elle accompagne. Je m'explique : dans le rapport officieux, adressé au futur directeur général, trois ans avant la réorganisation des haras, l'ancien membre de la société de Paris, devenu éleveur normand, pose en terminant ce principe : que *l'agriculture doit servir de base à la réorganisation, quelle qu'elle doive être*. C'est qu'en effet, c'est dans la ferme, et par l'éleveur, que les animaux doivent recevoir cette première éducation, d'où dépend leur aptitude au service, et leur valeur, par conséquent. Cette aptitude est la principale cause de la préférence qu'obtient le cheval anglais sur les produits similaires du reste de l'Europe. C'est donc à l'obtenir que l'administration réorganisatrice doit appliquer ses premiers soins (1).

Les écoles de dressage, quels que soient les développements qu'on leur donne, produiront des résultats utiles; moins celui-là, qui est la base de la régénération du cheval de luxe français, et de sa réhabilitation, qui doit en être la conséquence immédiate.

On ne saurait donc trop insister sur ce point; et je ne trouve pas de comparaison qui peigne mieux l'insuffisance des écoles de dressage en l'absence des écoles d'élevage, que de supposer une administration, prétendant remplacer l'éducation de premier et second degré, par des maisons réparatrices et pénitencières. On appelait autrefois les écoles d'équitation du nom pompeux d'*Académie*. Académie soit! Mais qu'adviendrait-il de toutes les académies, si l'on supprimait les écoles primaires et secondaires?

Il est donc cent fois dans le vrai, celui qui a dit : en élevage comme en tout, il faut commencer par le commencement. Le grain ne pousse pas par la tête; il faut, pour pouvoir le récolter, l'avoir semé et cultivé. Ce ne sont pas des animaux *dressés* que demande

---

(1) Cette aptitude paraît avoir disparu complétement des habitudes de l'élevage français. La lui rendre, *la lui imposer, au besoin, à prix d'argent*, doit être la base d'une régénération logique et utile.

le commerce, ce sont des chevaux *pratiqués*. Si l'on exigeait que tous les chevaux fussent *académisés*, il faudrait préalablement rendre un décret qui fît une obligation de suivre les cours *équestres*. Autrement, le résultat de l'éducation *académique* serait absolument identique à celui produit par l'absence d'éducation première; il rendrait le cheval *plus* FORT que le cavalier (1).

Il ne me reste après cette comparaison, qu'à citer le court article d'un journal de province, aussi net et aussi concluant dans sa brièveté, que tous les developpements dont je pourrais fatiguer l'attention du lecteur.

Voici ce qu'on lit dans le numéro de l'*Ordre et la Liberté*, du 8 janvier 1861 :

« La lettre suivante a été adressée par un de nos compatriotes à M. le général Fleury, à l'occasion de sa nomination à la direction générale des haras, et communiquée à la *France hippique*. Par une bienveillance spéciale, il nous est permis de la publier avant, ou du moins simultanément avec l'organe officieux de la nouvelle administration :

« Général,

« Me sera-t-il permis, en me félicitant, avec les éleveurs nor-
« mands, de vous voir arriver à la tête des haras, de vous rap-
« peler ce passage de la brochure que j'ai eu l'honneur de vous
« dédier en 1857 (2)?
« Dans de telles entreprises où l'Etat est obligé de faire les frais
« d'établissement, cette première mise de fonds a besoin d'être sur-
« veillée avec intelligence et exactitude dans son emploi. Plus tard, l'in-

---

(1) Confiez un cheval fin à un maladroit, il le renversera. Mettez un cavalier inexpérimenté sur un cheval pratiqué, il le portera et *supportera*.

(2) Cette brochure a pour titre : *Les Haras, ce qu'ils n'ont pas fait, ce qu'ils pourraient faire*; par un ancien membre du Jockey-Club. Chez Dentu, Palais-Royal.

« dustrie y viendra d'elle-même, quand elle aura reconnu que dans
« ce champ négligé, il peut encore se rencontrer pour elle hon-
« neur et profit.

« Le mécanisme qu'il s'agit d'établir doit être libre dans ses mou-
« vements, comme les produits qu'il a pour mission de créer (1). Par
« ce motif il y a convenance de le voir placé sous la protection
« directe du chef du pouvoir, devant lequel disparaissent tout esprit
« de système et tout antagonisme. Mais le rayon vivifiant venant
« d'en haut, le soleil lui-même ne fait fructifier la semence qu'à la
« condition de la confier à une terre préparée. On édifie solide-
« ment et utilement qu'après avoir rétabli les bases... Si l'on se
« contente de boucher les lézardes, on ne fonde pas, on replâtre...

« Peut-être, il y a présomption à vous rappeler cette circonstance,
« Général; mais l'expérience acquise dans une pratique conscien-
« cieuse et désintéressée de la question, m'ayant permis de former
« une opinion exacte sur elle, j'ai cru de mon devoir de l'exposer
« au représentant de l'Empereur, au moment où l'avenir d'une
« branche importante de l'économie publique est remis en cause.

« Voyant d'ailleurs, dans la chronique normande, le chef de
« ma famille placé près le duc Guillaume, à Hastings, dans le poste
« que vous occupiez auprès de l'Empereur Napoléon, à Solférino,
« j'ai pensé que nous devions, quoique d'un peu loin, nous donner
« la main pour cette œuvre nationale, normande surtout.

« Veuillez donc, Général, accepter cette main d'éleveur que je
« prends la liberté de vous offrir, en y joignant une nouvelle expres-
« sion des sentiments distingués de votre serviteur.

« DANIEL, Mis DE GRANGUES. »

« Au manoir de Grangues, canton de Dozulé (Calvados), décembre 1860. »

« L'auteur de la brochure dédiée à M. le général Fleury, (laquelle
fit quelque sensation lors de sa publication), doit éprouver une cer-

---

(1) Extrait de la brochure. Liberté pour l'industrie. Réglementation de l'encouragement seul; et égalité relative dans son application.

taine satisfaction de voir les améliorations réclamées par lui, en 1857 à peu près réalisées par le décret ordonnant la réorganisation des haras en 1860. Il en est une, toutefois, qui ne s'y trouve indiquée, qu'implicitement, et dont la réalisation, on doit l'espérer, suivra les autres : c'est l'institution *d'écoles d'élevage* (1), par lesquelles seules on peut agir efficacement sur les mœurs hippiques. M. le marquis de Grangues est d'ailleurs en droit de dire ici, non seulement : *Faites ce que je dis* : mais encore : *Faites ce que je fais depuis vingt ans, avec succès* (non pour son intérêt personnel, mais pour le bien de son pays). »

____

(1) Le décret ne parle que d'écoles de *dressage*. Ces dernières ont pour but de corriger les vices que *pourraient prévenir* les autres. L'idée de cette institution est bien simple, comme on peut voir. C'est peut-être à cause de cela que jusqu'ici on n'y avait pas songé.

Les idées les plus simples sont celles qui viennent les dernières. C'est en voyant tomber une pomme que Newton découvrit la gravitation; et Christophe Colomb confondit ses contradicteurs sur l'existence d'un continent inconnu, en cassant la pointe d'un œuf.

Il y a une foule de découvertes faites, et à faire ainsi...

Etude sur l'éducation du Cheval de luxe en France, et sur le commerce qui en est la conséquence.

Il y a un peu moins de trente ans, quelques amateurs du sport et du cheval confortable se réunissaient dans un des salons du Café de Paris, sous la présidence d'un gentleman anglais (1).

Le but de la réunion était l'amélioration des races produites par les départements de France s'occupant de l'élève du cheval. Plusieurs des membres fondateurs ne voyaient dans cette instutition naissante qu'une occasion de plaisir : d'autres y cherchaient un but utile : affranchir leur pays d'un lourd tribut payé annuellement à l'étranger.

L'un de ces derniers (2), propriétaire en Normandie, initié dès l'enfance aux causes qui avaient déprécié le cheval de luxe élevé dans cette contrée, se livra à la définition de ces causes avec l'ardeur d'une vocation.

Après avoir demandé son dernier mot à l'industrie chevaline du rang dont il est question ici, le jeune membre du *jockey* reconnut la gravité de la tâche qu'il s'était imposée. Tout, presque tout était à faire.

Producteurs défectueux, race viciée, éducation incomprise, routine invétérée, oubli complet du type demandé par le commerce aristocratique ; que pouvait-on espérer de tels éléments ?

Il se mit à l'œuvre néanmoins, et au bout de la période rigoureusement nécessaire pour faire naître et élever le produit désiré, il présenta des sujets aux concours.

(1) Lord Henry Seymour, mort récemment.
(2) L'auteur de cet écrit. Il quitta les douceurs de la vie parisienne pour consacrer ses loisirs à la régénération d'une branche *flétrie* de l'industrie nationale, et consacra son patrimoine et son temps à la réalisation de cette œuvre importante.

Ces produits furent primés par l'administration des haras, mais ils ne furent appréciés ni par le commerce, ni par la remonte des services militaires. Chargé de représenter un département normand au Congrès agricole, ouvert au palais du Luxembourg l'année suivante, il dut signaler ce déplorable état de chose, pour tout résultat.

Le consommateur et le producteur n'étaient d'accord sur le *bon* ni sur le *beau*.

Une période de dix autres années amena une amélioration notable ; on était parvenu à s'entendre sur le type qu'il fallait offrir à la *fashion*, et à l'état-major de l'armée ; restait à indiquer les moyens de produire ce type.

L'action de la Société d'encouragement, en s'appliquant à l'élève du cheval de sang, et à son amélioration par les courses, avait complétement laissé de côté l'encouragement du cheval de commerce,

D'autre part, le programme de l'institution des haras de l'état ne disant rien sur ce point, il en résultait que l'on produisait des animaux appartenant à l'espèce demandée, comme on produit des bœufs dans les contrées où ceux-ci ne sont point employés aux travaux agricoles, c'est-à-dire impratiqués et incapables d'aucun service immédiat et sûr, n'étant pas même essayables. Le terme de cette seconde période est à peine accompli. Il semblait présager une révolution industrielle. C'est une modification administrative qui vient de signaler l'ouverture de la troisième période. Le but de cette étude est d'apprécier la portée de cette modification, sans arrière pensée, sans parti pris ; mais avec la volonté bien arrêtée d'appliquer l'expérience du passé à l'amélioration de l'avenir.

Depuis assez longtemps, on tourne dans un cercle vicieux au sujet de cette question industrielle et commerciale. Le moment doit être venu d'en sortir.

La question chevaline a été confondue jusqu'ici avec la question des haras. C'est une de ces erreurs comme il en existe en économie publique. Ces deux questions, il faut qu'on le sache bien, sont très-distinctes ; la seconde est le moyen, moyen discutable et modifiable selon les temps et les lieux ; la première est le but, but sur l'indispensable utilité duquel il ne peut y avoir divergence, en présence du calcul suivant :

Des rélevés statistiques irrécusables ont prouvé qu'une somme de vingt-cinq à trente millions de francs est exportée annuellement en Angleterre et en Allemagne, pour l'acquisition des chevaux demandés par l'ensemble du commerce de luxe, en France, et par la remonte de l'état-major de l'armée. Obtenir que ce revenu reste dans le pays, sans dépenser pour ce résultat, un chiffre supérieur au capital de cette rente ; telle est la véritable question, question incomprise jusqu'à ce jour, insuffisamment exposée et rejetée à l'arrière-plan, en raison de son obscurité, qu'il importe de faire arriver aux conseils de l'Etat, dans son véritable rang, celui de question économique de premier ordre.

Ici apparaît la nécessité d'un service dont la mission est de coordonner et régir les éléments utiles à l'action et d'en fournir les détails statistiques. Cette administration existait incomplète ; il s'agissait d'abord de la compléter.

C'est ce qui vient d'être fait.

Les rouages de l'action étant remis en ordre, il s'agit de définir le principe de cette action. Remontant de l'effet à la cause, examinons donc, quel est le motif principal de la dépréciation dont le cheval noble élevé en France est frappé, tandis que ses cogenères, inférieurs en degré, ont conservé et vu augmenter leur valeur. Le premier péche par l'âge et l'éducation. Voilà les deux défauts qui le rendent impossible. (1).

Que faire à cela ? Obtenir que ce *fier et fougueux animal, destiné à devenir le compagnon de la gloire et des plaisirs de l'homme*, selon Buffon, soit préparé à remplir sûrement et agréablement cette haute et importante mission ; il faut enfin qu'il soit élevé de l'état de *rendement agricole* à la qualité de produit aristocratique et artistique. L'âme de la question est là. C'est elle qu'il importe

____

(1) Le commerce inférieur achète les chevaux depuis l'âge de trois ans jusqu'à quatre ; le commerce comfortable les demande à cinq. Le commerce inférieur les prend au bout de la longe ; le commerce confortable veut les essayer.

de raviver, le reste doit fonctionner à son souffle inspirateur, selon l'intelligence de l'application.

Prouvez d'abord au commerce de luxe que vous pouvez fournir à ses besoins, et soyez certain, qu'à prix égal, il viendra s'approvisionner chez vous. Mais pas d'ambiguité, ni d'a peu près. Quand il s'agit de locomotion et surtout de locomotion animée, il faut aller droit au but. On ne marche pas à *peu près*, on marche ou on *cloche*. Il n'est pas utile non plus que ce but soit dépassé. On a assez couru dans l'intérêt de l'industrie chevaline de notre pays. Il s'agit maintenant de la faire marcher *droit* et *vite*, sans que l'une de ces qualités soit sacrifiée à l'autre (1).

Comme type de cheval de commerce de luxe, c'est donc l'animal castré de jeune âge, de taille moyenne, pratiqué depuis le sevrage jusqu'à l'âge de cinq ans révolus et prêt à supporter l'essai, qu'il faut obtenir de l'éleveur, contrairement aux habitudes prises. Pour que ce dernier puisse offrir au commerce les résultats ci-dessus énoncés, il faut qu'il lui soit tenu compte de l'augmentation de frais que cette innovation apportera dans l'économie de l'élevage actuel. Cette augmentation étant de *cent pour cent* au moins, il faut commencer par ne pas marchander sur la dépense. Le commerce de second ordre paie chaque cheval mille francs en moyenne, on ne peut espérer voir le commerce supérieur porter ses prix d'achat jusqu'au double de cette somme, autant qu'il ne lui sera pas matériellement démontré qu'il peut, avec certitude, réaliser sur ce produit indigène, les mêmes bénéfices qu'il obtient sur le produit exotique. Il y a là une lacune qu'il importe avant tout de combler (2).

Cette différence enlève, chaque année, vingt-cinq millions de francs au pays; il est bon de le répéter, pour qu'on ne le perde pas de vue, (capital 500 millions). Quand on devrait, pour combler cette lacune,

____

(1) Droit d'abord, vite ensuite...; en suivant la marche opposée, on pourrait dépasser le but. Mais en économie industrielle et commerciale, ce n'est pas l'atteindre.

(2) Il n'est question ici que du cheval de commerce ordinaire. Le haut commerce paie le cheval de tête beaucoup plus cher, mais se montre aussi plus exigeant.

dépenser deux cent cinquante millions de francs, en vingt ans, on aurait économisé la même somme sur l'ensemble de l'opération.

Telle est la question aux points de vue économique et commercial, aussi bien qu'à celui de la remonte certaine de l'état-major des corps de cavalerie d'élite et de réserve de l'armée.

Si j'examine où en est aujourd'hui, la question que j'ai entrepris de traiter, dans les conseils consultatifs des départements, je reconnais avec une certaine satisfaction que je suis d'accord avec eux. C'est à un journal semi-officiel, que j'en demanderai la preuve.

Le *Moniteur du Calvados* publiait l'article suivant dans son numéro du 10 mai 1861.

La substance de cet article a servi de base à une discussion de la Société d'agriculture de Caen, à la suite de laquelle les principaux arguments qu'il présente, ont donné lieu à des propositions formulées pour les faire passer dans la pratique (1).

QUESTION CHEVALINE. — L'Industrie sous l'empire de la réorganisation des haras.

Une note destinée à être soumise à la Société d'agriculture de Caen, par l'un de ses membres, a été insérée dans le *Moniteur du Calvados*. Je crois devoir adresser à cette honorable feuille les développements de la question par moi posée. Cette marche me semble la plus régulière, dans tous les cas.

C'est à la presse d'élucider les questions économiques. Les sociétés savantes et spéciales les discutent. Il reste à l'industrie à les appliquer, au gouvernement à faciliter cette application, s'il y a lieu.

---

(1) Je suis heureux de pouvoir signaler cet accord, qui prouve que si j'ai marché en avant, pendant quelque temps, je n'occupe plus aujourd'hui cette position périlleuse, et suis en ligne avec les institutions officielles et officieuses.

Or jamais industrie n'eut plus besoin de l'appui de l'administration, à tous ses degrés, que l'éducation du cheval de luxe, au plutôt (empruntant un mot anglais, pour définir un produit exclusivement anglais jusqu'à présent), du cheval *comfortable*.

Le produit dont il s'agit ici, semble être devenu, non antipathique (bien au contraire), mais complétement étranger aux habitudes de l'élevage français.

Rechercher les causes d'une telle anomalie m'a paru être le plus éminent service à rendre à cette branche de l'industrie du pays, et en même temps au gouvernement, que cette question embarrasse pour la remonte de ses services militaires.

Le commerce du cheval en France (1) déplace annuellement un capital de quatre-vingt-dix millions de notre monnaie au moins. Il s'agit de savoir si le tiers de cette somme continuera à alimenter les marchés étrangers, ou s'il est possible d'obtenir qu'il reste dans le pays, dont il raviverait et alimenterait les ressources.

Il ne faut pas se dissimuler les difficultés d'une question dont plusieurs économistes ont désespéré, mais chercher à la débarrasser des savantes et volumineuses recherches dont on a compliqué son étude. J'ai donc cru devoir la réduire à ces deux termes : produire selon le goût et les besoins du consommateur; pousser la production au plus haut degré de perfection relative.

Examinons donc quels sont les besoins et les goûts des consommateurs. L'amateur a la prétention de se servir avec sûreté et agrément du cheval qu'il achète; l'officier de tout grade a besoin d'un serviteur, d'un *compagnon*, qui ne tourne pas bride, ou ne le lance pas au milieu de l'ennemi. Tous deux veulent et doivent essayer ce *fier et fougueux animal* destiné à *devenir le compagnon de leurs plaisirs et de leurs travaux* ; tous deux ont besoin de pouvoir l'employer immédiatement.

Si l'on cherche à appliquer ces principes aux produits amenés sur nos marchés, on vient se heurter contre une impossibilité radicale et

---

(1) Il s'agit du commerce en général, qui, sur l'ensemble, remue dans le cours d'une année, soit pour l'importation, soit pour l'exportation, cent millions de francs, en moyenne.

systématique, cause en raison de laquelle le commerce de premier
ordre a depuis longtemps déserté la place, et que le mode d'achats des
remontes militaires entretient forcément. C'était donc à cette cause né-
gative que l'administration réorganisatrice devait d'abord s'attacher.
Elle n'a pas failli à la tâche. L'établissement d'écoles de dressage a
été décidé par elle ; une combinaison de primes d'encouragement est
proposée à l'élevage. Il m'appartient moins qu'à personne de critiquer
des moyens que j'ai indiqués de longue date ; mais je demande la permission d'en apprécier la portée et l'effet.

C'est de haut que doit être pris un mal provenu de loin. Il est souvent nécessaire de remonter jusqu'à la source pour retrouver les cou-
rants perdus. Essayons de cette méthode pour la question qui nous
occupe.

La falsification du cheval, le maquignonnage, puisqu'il faut l'appeler par son nom, remonte à une époque où un air *frelaté* semblait
exhaler, sur l'ensemble de notre économie sociale, des émanations vi-
ciées. En même temps que l'on débitait des actions fictives rue *Quin-
campoix*, on inondait le commerce de contrefaçons de tous genres.

L'industrie chevaline n'échappa point à cette action corruptrice, et
déjà sous le règne suivant, l'anglomanie hippique naissait, non d'un
caprice, comme on l'a prétendu, mais d'un besoin ; témoin cette réponse de Louis XV au duc de Lauraguais, prétendant être allé à
Londres pour *apprendre à penser*... — *Panser* ... *les chevaux*, ajouta le
roi (1)... Je n'ai pas examiné si notre cavalerie était bien ou mal montée
à Fontenoy ; il suffit qu'elle s'y soit montrée digne de la France, où la
valeur militaire est la seule chose qu'on n'altère point, et qui soit restée pure dans le siècle où nous vivons.

Les crimes et les malheurs qui suivirent le règne de Louis XV,
sinistres fastes que signale le bizarre accouplement du ridicule et du
sublime, la gloire qui vint les purifier par le feu, oublièrent tous la
corruption hippique, qui nous est arrivée à l'état normal, forte

---

(1) Je demande grâce pour cette redite. Je donne cette *redondance* de citation, parce
qu'elle peint la situation mieux que toutes autres phrases passées, présentes et à venir.

d'une longue possession et de fortunes rapides opérées par elles..
On comprendra que je ne pousse pas plus loin cette recherche rétros-
pective, dont je n'ai pris que ce qui était utile au développement du
plan de régénération proposé.

En économie industrielle, ainsi qu'en homœopathie, il faut opérer
par les semblables. Il y a cette différence, que si la seconde peut se
borner aux diminutifs, la réaction ne s'opère dans la première qu'au
moyen de doses au moins égales aux causes de l'action. Qu'on veuille
bien méditer sur cette vérité, avant de passer outre.

L'administration des haras a des idées excellentes ; elle trouvera
des hommes intelligents et probes pour les appliquer, sans aucun
doute ; mais elle dispose de trois millions à peine par année, et
il est facile de prouver par des déductions de logique absolue,
1° qu'une somme double de celle-ci à appliquer à l'œuvre importante dont l'Etat prend l'initiative, est indispensable au succès ;
2° que la plus énergique action devant être exercée au début,
c'est à la première période que l'allocation la plus forte doit
être attribuée. Il y a eu longue solution de continuité ; il faut
d'abord que les ouvrages nécessaires à la circulation soient réta-
blis. C'est ainsi que procède la stratégie, après un sinistre
ou une dégradation. Elle relève d'abord les viaducs, puis elle
s'occupe de l'état des chaussées. En économie sociale tout s'enchaîne
et s'identifie.

A ceux qui seraient tentés de se récrier sur l'importance de
cette somme, je soumettrai le calcul suivant : L'acquisition des
animaux nécessaires aux transactions qui ont lieu sur le cheval
aristocratique, en France, enlève annuellement au pays une
somme de vingt-cinq millions de francs, minimum (1). Ces chiffres

(1) Rapport de la Commission spéciale réunie sous la présidence de l'Empereur.

C'est dans ce rapport que j'ai puisé les éléments du calcul que je donne ici. Reconnaissons donc, en tout état de cause, qu'une somme de six millions par année serait
indispensable, et insuffisante sans doute. Il en faudrait *dix* pour pouvoir garantir le
succès (et à ce prix, il y aurait encore une notable économie sur le résultat définitif, ainsi
que je le prouverai par ce qui va suivre).

multipliés par dix donnent *deux cent cinquante millions*. Si en attri-
buant dix millions pendant dix ans, soit cent millions , on arri-
vait à faire rester à toujours ces vingt-cinq millions d'exportation
annuelle dans le pays, on aurait ajouté aux revenus de l'industrie, et de l'Etat indirectement, une somme de vingt-cinq millions
et gagné un capital de 400 millions sur celui que représente le
service annuel de cette rente, soit cinq cents millions.

On veut ramener le haut commerce sur nos marchés ! Il n'y
reviendra que lorsqu'il sera certain d'y trouver le genre de produits dont il a besoin. D'un autre côté, l'éleveur ne fera ce produit que lorsqu'il aura la certitude d'être indemnisé du surplus
de frais qu'il lui aura occasionné. Tel est le cercle vicieux dont
il faut sortir a tout prix. Que peut faire à cela une somme de
cinq à six cents mille francs ajoutés au budget des haras?

Il existe un gouffre où viennent s'engloutir chaque année des
millions. Je ne dis pas que cette fissure économique doive être
comblée avec des millions; mais elle doit être traversée par des
ouvrages d'art, et les ouvrages d'art coûtent cher. J'examinerai,
dans un autre article, l'échelle des primes offertes à l'éducation,
dans le nouveau plan publié par la *France hippique*, et il me sera
facile d'établir que le demi-million supplémentaire accordé à l'administration des haras, non-seulement sera dépassé par le chiffre
de ces primes, mais qu'elles seront elles-mêmes insuffisantes pour
atteindre le but proposé (1).

Je maintiens donc le chiffre de dix millions de francs à dépenser pendant dix années pour l'accomplissement de cette œuvre
gouvernementale de premier ordre , soit *cent millions* en *dix ans*,
comme indispensable au succès de l'entreprise. J'ajouterai que la
durée de l'opération doit diminuer en raison de l'importance des
premières allocations.

(1) Le chiffre exact de cette allocation est de six cents et tant de mille francs. C'est
quelque chose, eu égard à ce que l'on était habitué à donner; ce n'est rien en raison de
ce qui est à faire.

4

J'ai dû commencer par traiter la partie des chiffres, parce que dans toute question économique, il faut d'abord assurer les voies et moyens. Le reste de la discussion viendra, dans l'examen de l'application de chaque détail, prouver la justesse des chiffres proposés.

On n'a pas marchandé avec l'établissement des chemins de fer dans notre pays. La régénération dont il est question ici n'offre point une importance relative moindre.

Il s'agit également de sortir de l'*ornière*.

———

J'emprunterai au *Moniteur du Calvados* (1), un dernier document qui me paraît préciser la question, de telle sorte que toute discussion ultérieure deviendrait superflue; puis il me restera à exposer la logique des faits comme conclusion.

———

La Question Chevaline sous l'empire de la situation faite par la réorganisation des haras de l'Etat,

———

Il est arrivé pour cette question ce qui a lieu au sujet des questions économiques incomprises : on est allé loin chercher des difficultés secondaires, passant à côté des obstacles radicaux, sans les voir ni les signaler. Il importe de définir ces obstacles et de les préciser avant de passer outre.

L'industrie chevaline, comme toutes les spéculations industrielles,

(1) Dans lequel je l'ai publié, à l'époque, sur la demande de M. le Rapporteur de la question, à la Société d'agriculture de Caen.

se réduit à deux termes principaux: produire selon les goûts et les besoins du consommateur, pousser la production à son plus haut degré de perfection relative.

Si l'on applique ces principes au commerce du cheval élevé en France, on trouve un certain degré d'activité, un développement assez productif dans les régions secondaires; dans la région supérieure, l'atonie, l'impossibilité, le néant.

Raviver, régénérer, réhabiliter cette catégorie de la production de l'espèce indigène, telle doit être, pour le moment, l'unique préoccupation des économistes qui, soit officiellement, soit officieusement, s'occupent de cette question importante, du poids de 25 millions de francs exportés annuellement en Angleterre et en Allemagne. Dans toute agrégation commerciale, il existe le produit de fabrique ou de marque recherché par les nationaux, exporté avec prime à l'étranger. A côté de cela, il y a l'objet de *pacotille marchande*, déprécié dans le pays, cherchant un débouché sous forme de contrefaçon dans le commerce d'exportation.

La France, depuis la seconde moitié du dernier siècle, négligeant le cheval noble et de marque, s'est bornée à faire le cheval de *pacotille*, qui l'imite et le discrédite sans le suppléer.

Sans s'arrêter à rechercher les causes d'un pareil état de choses, il est urgent d'indiquer les moyens de le faire cesser. Il convient donc de faire ressortir la situation par des faits et des chiffres indiscutables.

Cinq ou six départements de France s'occupent de la production du cheval de luxe; trois sont seuls en position de le fournir; encore ces derniers se contentent-ils du produit ordinaire, sans chercher (à très-peu d'exceptions près) à obtenir le cheval de tête qui est le même animal mieux élevé, plus développé, supportant l'essai et vendable avec garantie d'aptitude à tous services.

Il résulte de cette habitude commerciale que les marchands qui font le commerce de ce genre de cheval, sont obligés d'aller le chercher en Angleterre, où il se rencontre à l'état normal.

Ils s'approvisionnent aussi en Allemagne de chevaux de second ordre *inférieurs à ceux que fournissent les départements de l'Orne*, *de la Manche et du Calvados* , mais offrant le degré d'éducation que réclame le commerce de luxe.

Des chiffres peuvent préciser ces différences. Ainsi, un cheval âgé de six ans, d'allures et de caractères convenables, *propre à un ou plusieurs genres* de service *immédiat,* est payé (1) par le commerce national et celui de l'étranger de deux à trois cents livres; quelquefois il atteint le chiffre de quatre cents livres; c'est-à-dire que la somme de sa valeur commerciale varie de *trois* à *neuf* mille francs. Si l'on compare les prix auxquels sont vendus les chevaux d'espèce similaire élevés dans les départements précités, que trouve-t-on? A part les animaux destinés à la reproduction, dont les prix ne suivent pas le cours, les chevaux de tête sont vendus dans les foires de Normandie, en moyenne, de *huit cents* à *quinze cents francs*, à l'âge de quatre ans, au bout de la longe et sans essai. Des marchands les achètent en général et réalisent un bénéfice de *deux* à *quatre cents francs*, par tête. La remonte des services militaires enlève l'élite de cette production. Le reste approvisionne le luxe de second ordre et le louage du pays et de l'étranger.

Il existe, comme on peut voir, une différence de moitié entre les prix accordés à l'élevage du cheval noble en France et en Angleterre. Cette différence à l'avantage de ce dernier pays, est la raison de la facilité d'y obtenir le cheval supérieur *éprouvé*, tandis que la France reste dans l'impossibilité de soutenir la concurrence pour ce produit d'élite.

La nouvelle organisation de l'administration des haras oppose à cet état de chose déplorable, des moyens énergiques. On doit en attendre l'effet, et espérer le succès. Qu'il soit permis, en tout état de cause, de tirer quelques déductions de la situation faite à l'élevage du cheval de luxe en France, depuis la fin du

---

(1) En Angleterre. Il y a longtemps que les animaux de cette catégorie n'existent plus; ou du moins ne peuvent plus être rencontrés en France.

dernier siècle. Dans l'état présent, la remonte militaire est encore le débouché le plus certain pour les produits qui n'ont pas été jugés aptes à la reproduction. Or, la remonte n'élèvera pas ses prix au-dessus du chiffre de 2,000 *francs*.

Elle ne peut exiger, pour ce prix, qu'on lui livre des chevaux *attendus* et *confirmés :* Il faut donc rentrer dans les habitudes du commerce de luxe supérieur, lequel seul peut offrir un prix rémunérateur à peu près équivalent aux sacrifices exigés pour la production du cheval distingué « âgé de cinq ans révolus, apte à tout service aristocratique, et supportant l'essai. »

Il faut que le consommateur, mis en rapport avec le producteur, puisse reconnaître à des signes certains que le type du cheval défini plus haut a été régénéré en France. Alors des marchés directs et sûrs pourront avoir lieu entre l'éleveur et l'amateur, alors la remonte militaire qui *écrème* aujourd'hui, *glanera* après que le luxe aura moissonné. Alors le maquignonnage suspect aura cédé la place à l'élevage estimé; seulement alors, on sera sorti du cercle vicieux dans lequel on tourne depuis un demi-siècle, et la production du cheval noble réhabilitée, régénérée chez nous, n'aura plus rien à redouter de la concurrence ruineuse qui lui est faite par l'étranger. Tout ce qui serait obtenu en-dehors ou à côté de ces conditions, peut être considéré comme un palliatif, un atermoiement, mais n'effectuera ni d'une manière certaine, ni d'une manière durable, la régénération qu'il s'agit ici d'opérer. Il faut, en un mot, après avoir infusé un sang nouveau à l'organisme, régler à tout jamais les pulsations de ce sang.

RÉSUMÉ.

Jusqu'à l'époque des grandes réunions agricoles convoquées au palais du Luxembourg, dans les années 1840 et suivantes, la question herbagère avait été imparfaitement présentée. On s'était occupé de l'élève du cheval sous la dénomination de question des haras, on s'occupa alors de l'élève du bœuf, sous celle de question de la boucherie.

Sans prétendre diminuer en rien les célébrités obtenues dans la discussion et l'application de cette dernière question, il m'a paru qu'elle avait été, en définitive, traitée d'une manière incomplète, et que dans le cours des expérimentations tentées pour la résoudre, le moyen avait presque toujours été oublié pour le résultat, ou, pour parler plus clairement, le résultat avait été pris pour le moyen. Il y avait là une lacune, un non sens, qu'il importait de *rectifier*.

Frappé, je dois l'avouer, de cette anomalie, je crus devoir récapituler dans mon Mémoire pour le Concours régional, la substance de mes travaux précédents, *depuis les recherches sur* L'INFÉRIORITÉ *des races françaises*, Mémoire adressé à la Société agricole de l'arrondissement de Pont-l'Évêque, en 1840, jusqu'à la lettre adressée au général Fleury sur l'insuffisance des haras, en 1857, ainsi que quelques articles publiés dans divers journaux et recueils (1).

____

(1) On a beaucoup parlé et écrit sur la *Question herbagère*, pendant ces dix-sept années, mais sans ensemble, sans méthode, et malheureusement aussi sans résultat complet.

De cet examen consciencieux, est résultée pour moi la conviction que si jusqu'alors on avait traité plus ou moins heureusement des divisions relatives, il restait à présenter l'ensemble de la question.

S'il y a lieu de ramener l'industrie herbagère à un ensemble homogène, c'est surtout en ce qui concerne l'élève du cheval.

Cette branche de l'industrie est essentiellement liée aux autres, qui sont, ainsi qu'il est établi plus haut, l'élève et l'engraissement du bœuf (1). On peut dire même qu'elle en est dépendante; voici en quoi :

L'espèce équine (ou *chevaline*, ainsi qu'il est convenu de l'appeler), ne peut être élevée, au point de vue commercial, que dans les paccages (2). Or, les déjections provenant de cette espèce sont d'une nature trop chaude pour être employées seules sur les herbes, et l'on n'y peut neutraliser leur action corrosive que par amalgame avec la fiante de nature plus froide de l'espèce bovine. Ce motif serait suffisant ; mais il en existe d'autres (3). L'éducation du cheval n'offre point un rendement rémunératif suffisant, si elle n'est combinée dans la proportion d'un huitième au plus, avec l'élève ou l'engraissement du bœuf. L'usage des baux a admis *un cheval sur dix bœufs;* et, en cela l'usage est rationnel. Il ménage l'intérêt général, celui du fond d'abord, et aussi celui de l'éleveur, auquel l'élevage du bœuf offre la perspective d'un rendement plus assuré.

Il est facile de reconnaître, par ce qui précède, l'utilité d'appeler l'éducation du cheval à faire partie de l'ensemble de l'économie agricole, et de lui donner la ferme pour berceau. C'est en sortant de ce berceau, c'est-à-dire à l'âge de trente mois environ, qu'on peut lui assigner une carrière en raison des aptitudes dont la nature l'a doué.

Mais il faut que dans cette première période de son existence

(1) Il est bien entendu que les subdivisions de la question herbagère, telles que l'industrie des beurres et fromages, sont laissées de côté dans cette étude, qui ne porte que sur l'élève du bœuf et sur l'éducation du cheval.

(2) Dans la définition paccage, sont compris tous les genres de pâtures, même celle au *piquet*.

(3) L'espèce chevaline paît l'herbe la plus courte, et arrête ainsi le développement de la végétation. Par là encore, elle cause un véritable préjudice aux herbages, dans lesquels sa présence ne doit être admise que comme *accessoire*.

déjà, il ait reçu les élémer.ts de docilité et de familiarisation qui le prédisposent à une éducation plus complète. L'animal, dès le sevrage, s'habitue facilement à l'homme et aux exigences de la vie domestique. Plus tard il devient sauvage et difficile à dompter. Il a contracté des défauts, qui quelquefois deviennent des vices. Il eût été bien plus simple de les prévenir, que d'avoir à les réprimer (1).

Il me paraît inutile de pousser plus loin ce raisonnement qui démontre avec une évidence assez claire la nécessité de donner l'agriculture pour base à l'éducation du cheval, ainsi que je l'ai établi dans ma lettre à M. le Directeur général des haras (2), en même temps que je démontrais l'opportunité de faire ressortir cette administration de celle qui est chargée des arts. L'anomalie apparente de cette combinaison disparaît à l'examen. (3).

Il serait également superflu, après ce qui précède, de chercher des arguments pour démontrer que les écoles de dressage, telles qu'elles sont établies, ne sont qu'une institution préliminaire, attendant un complément indispensable, celui d'écoles d'élevage, adoptant l'agriculture comme premier élément.

Ce doit être une institution *mixte* ayant une base agronomique couronnée d'un complément artistique, *académique,* si l'on veut ; et en cette qualité, elle appartient à l'administration chargée de régir les arts, en général. Je crois devoir ajouter que l'application de cette combinaison, qui eût pu être adoptée par l'esprit du décret de 1806, n'est redevenue possible que depuis le décret de 1860 (4). J'appelle l'attention du lecteur d'une manière spéciale sur cette réflexion au développement de laquelle son jugement suppléera…

(1) En élevage comme en tout, il faut commencer par le commencement.

(2) Le cheval doit être élevé avec le bœuf, mais non comme le bœuf. Le bœuf se pèse, le cheval s'essaye, en thèse générale. Il ne faut pas l'oublier.

(3) L'administration des haras a fait partie successivement des ministères de l'Intérieur et des Travaux publics, en sa qualité d'annexe de l'Agriculture. Sous le gouvernement actuel, sa place est au ministère d'Etat chargé de la direction des arts en général. (L'hippologie dans sa deuxième période est un art). Dans la première, elle fait partie d'une science, celle de l'agriculture.

(4) Le premier de ces décrets institue l'administration des haras de l'Etat ; le second a pour but de les réorganiser.

Il me reste, comme conclusion, à examiner l'effet de l'encouragement, tel qu'il a été essayé depuis la réorganisation ordonnée par le second des décrets sus-mentionnés.

Tous les hommes spéciaux, et j'ose l'espérer, M. le Directeur général à leur tête, voudront bien sanctionner par un assentiment réfléchi, une appréciation basée sur la formule économique admise aujourd'hui : *des faits et des chiffres!...*

Qu'a-t-on voulu, que veut-on, que faut-il vouloir? Des produits aptes à recevoir, *immédiatement*, soit pour la paix, soit pour la guerre, toutes les destinations définies par le maître de la science économique et naturelle (1). — Qu'a-t-on fait, que fait-on?

On a d'abord essayé des primes de dressage. Elles ont donné des résultats trouvés insuffisants. On veut leur substituer des épreuves de vitesse *spéciales*. Elles seront, je ne dirai pas insuffisantes, mais *superfluentes*, et par suite, incomplètes, au double point de vue qu'il s'agit de considérer, le commerce et la guerre; et c'est ici que je sollicite toute l'attention de quiconque, du haut en bas de l'échelle économique, voudra bien accorder à ce résumé une heure de ses loisirs. Prenons donc, si l'on veut, la vitesse, — l'extrême vitesse, — comme *criterium* du cheval de luxe et de remonte ; — si vous obtenez cette allure précipitée d'un cheval ardent, elle aura développé une aptitude, une puissance, qu'il eût été sage et opportun de calmer, et en cela elle deviendra plutôt nuisible qu'utile. Si c'est à un cheval froid que vous l'avez imposée, elle ne sera que factice, et l'animal sorti du double étau par la pression duquel vous l'aurez poussé en avant (2), reprendra son allure naturelle. Il restera *forcé, rebours*, quelquefois; mais il cessera d'être vite, en passant dans des mains *ordinaires*. L'un et l'autre de ces deux résultats de l'encouragement par *propulsion*, l'auront, selon toutes

(1) Buffon, *Partager le travail, la gloire et les plaisirs de l'homme*, (définition éternellement juste et complète).

(2) L'éperon et la saccade. Un infortuné cheval entre les mains de certains entraîneurs, *au trot*, est pris dans deux véritables étaux, à l'avant et à l'arrière. Si c'est attelé, qu'on le présente, le *perpignan* joue un tel rôle dans le développement de ses facultés, que la société protectrice des animaux doit intervenir; ou elle n'aurait aucune raison d'être...

probalités, rendu impropre aux services *habituels*, et souvent *inessayable*, en dehors de *l'entraînement*.

Je n'entends parler ici, bien entendu, que du cheval de commerce. Je sais que la vitesse est une des preuves les plus certaines de la puissance du cheval, et comprends qu'on l'ait admise comme épreuve *unique* en course au galop. (Il ne m'est pas prouvé qu'il en soit de même *au trot*). Mais admettons, pour un moment, qu'il en soit ainsi ; il reste à poser cette question :

Sont-ce des trotteurs, ou des chevaux de commerce et de remonte que l'on veut faire ?

Dans le premier cas, le résultat est obtenu. On a marché sur divers hippodromes de France, avec des chevaux *français*, sur le train de *quatre kilomètres en sept minutes*, (c'est-à-dire plus de *huit lieues à l'heure*). Il doit paraître raisonnable de s'en contenter.

Il n'y a qu'à persévérer dans cette voie ; et l'on peut être assuré qu'il s'établira, dans chaque centre d'élevage, deux, trois, quatre écuries, dont on présentera chaque année un ou deux produits. Leur train variera de quelques secondes (1). Ces produits pourront être employés à la reproduction, *peut-être...*

Mais voulez-vous, simultanément, faire marcher l'encouragement offert à l'extrême vitesse, et celui au moyen duquel vous pouvez obtenir la production normale du cheval de haut commerce et d'état-major aptes au *service immédiat* ? Alors, il convient de faire à chacun sa part ; et surtout que cette part soit parfaitement *distincte* et *équitablement* proportionnée. Autrement, vous aurez marché vite, très-vite, aussi vite *qu'en Amérique, peut-être* ; mais, vous retournant en arrière et apercevant le but (que vous aurez dépassé) vous reconnaîtrez que vous n'êtes pas arrivés...

L'élevage n'aura pas pu vous suivre dans cette carrière dont l'étendue est au-dessus de ses moyens. Vous-mêmes en serez sortis, en imprimant un essor trop précipité ; et, je le répète, le but aura été dépassé, mais non atteint. Pour baser ce pronostic sur des

____

(1) Ajoutées ou retranchées du chiffre déjà atteint dans les années précédentes.

faits contemporains, il suffit d'examiner le résultat des épreuves qui viennent d'avoir lieu à Rouen, Caen, Saint-Lo, au Pin et ailleurs.

Quatre juments engagées *successivement* sur ces hippodromes divers, se sont partagé une somme ronde de *trente à quarante mille francs* environ. C'est un très-beau résultat (1), si on le rapproche de la nouveauté de l'institution des courses au trot, dans notre pays. Gloire du jour, ces quatre trotteuses émérites (les supposant douées des qualités propres à la reproduction), peuvent donner de deux à quatre poulains glorieux comme elles, et devant lesquels sera brûlé un encens plus ou moins cher (2). Mais l'éleveur, le *simple* éleveur (quel que soit le degré de simplicité qu'on lui suppose) croyez-vous qu'il s'entête à cette lutte, dans laquelle, sans moyens, sans habitude du sport ni d'entraînement, il est assuré de perdre? Il essaiera une fois, deux peut-être, mais certainement il ne tentera pas une troisième épreuve. Il retournera à ses habitudes *purement pastorales* ; mœurs primitives qui n'offrent ni gloire ni succès, mais n'exigent non plus aucunes dépenses extraordinaires. On se remettra tout doucement à l'élevage *identique, cogénérique* et simultané du bœuf et du cheval (3). La *centaurisation* aura disparu, et les générations futures seront de nouveau livrées au *Minotaure,* qui les étouffera à *leur naissance* (4).

La matière est délicate, et la situation relativement solennelle. Ce n'est pas d'hier, que l'on a essayé le travail herculéen de la régénération du cheval noble en France. Toutes les tentatives ont échoué. Pourquoi? Je crois l'avoir suffisamment démontré à qui veut comprendre. Ma mission, mon pouvoir, ne vont pas au delà...

(1) *Les degrés de vitesse* obtenus ont été mentionnés plus haut. Résultat remarquable, auquel justice est due. — *Justice* mais non *privilège.* — Ne serait-il pas équitable de réserver sa part au commun des martyrs, lequel, en définitive, est appelé à fournir l'élément commercial de l'avenir?

(2) Qu'est cela comparé aux besoins du commerce et de la remonte militaire?

(3) Le *cheval-bœuf* ou *bœuf-cheval* signalé dans les bulletins de l'Agriculture, comme type de production indigène

(4) Le stationarisme, cause radicale du fléau contre lequel il faut employer la force *d'Hercule,* c'est-à-dire une puissance exceptionnelle. C'est une révolution à opérer, que la régénération qui nous occupe; et les révolutions ne connaissent pas les demi-mesures...

Il ne me reste plus qu'à rappeler le but de l'entreprise, en le formulant nettement et simplement ici.

L'administration des haras fut créée au commencement de ce siècle, pour *mettre l'industrie en mesure de se passer de l'intervention de l'État.*

Cette mission est toujours la même ; seulement elle s'est compliquée des exigences produites par le progrès de toutes les industries et du luxe qui en est la conséquence. Si l'on est resté en arrière de ces besoins, c'est qu'on a négligé de *commencer* par le *commencement.* On a voulu *improviser* des chevaux. En industrie, et en industrie agricole surtout, aucune improvisation n'est possible. Avant de livrer les produits agricoles à la chimie, qui les raffine et les épure, il faut d'abord les semer, les cultiver, les récolter. Il en est de même du cheval, qui doit être préparé par l'éducation de la ferme, à celle qu'exigent le sport, la carrière, le luxe ou le commerce *comfortable*

Continuez l'encouragement tel qu'il a été pratiqué dans ces dernières années, amalgamant les courses de vitesse, les habitudes du *sport*, avec les épreuves destinées à reconnaître et récompenser les aptitudes commerciales. Souffrez que les vainqueurs de prix supérieurs puissent continuer à concourir pour les prix inférieurs (ce qui n'est admis dans aucun concours rationnel et logique). Laissez les entraîneurs de profession lutter avec les hommes d'*exploitation*, qui (*seuls doivent présenter les produits de l'exploitation*). Tolérez des *variantes* dans la rédaction et l'application des programmes (1) etc. Mais au bout de quelques années, lorsque vous

---

(1) Les conditions de course, au trot comme au galop, peuvent être laissées à la décision des diverses commissions du sport. Mais la direction *uniforme* et *unique* appartient à la direction générale, quand il s'agit d'encouragement industriel national.

Les conditions du sport peuvent être facultatives et *fantaisistes ;* les règles de l'encouragement national doivent (sous peine de ne pas être) rester uniformes et inviolables...

Il ne faut pas que dans la même année on puisse voir tels ou tels articles réglementaires appliqués sur un hippodrome éludés sur un autre : et telles autres anomalies irrationnelles. Jeu sur les courses, tant qu'on voudra ; mais sur le terrain commercial et industriel, droiture et loi !... au nom de l'intérêt public, et de la raison.

laisserez tomber sur ces paisibles contrées les expressions attrayantes et inspiratrices de l'encouragement officiel, ne vous étonnez pas d'entendre l'écho vous renvoyer ce mot que depuis trop longtemps il est habitué à répéter, mot destructeur de toute inspiration et de tout espoir ; celui de..... découragement.....

Reconnaissons une fois pour toutes ce principe de logique primordiale, qui doit être celui de tous les hippologues (qu'ils appartiennent à l'un ou l'autre camp) (1). La première condition du cheval de service doit être la *sûreté* ; sûreté d'abord. C'est en cela que la raison, d'accord avec l'élégance, a fait rechercher dans le trot *l'élévation* (pour la définition de laquelle nous avons emprunté un mot anglais : *steper*). Eh bien, l'entraînement au trot *précipité* a pour résultat immédiat précisément l'effet contraire à la faculté que l'on recherche. Ce doit être assez pour motiver la séparation absolue des deux caractères d'encouragement, je pense...

Et puis, croit-on qu'il soit donné à tout le monde de savoir mener des trotteurs ? Les *prodiges* sont souvent embarrassants dans l'habitude de la vie; ils y sont quelquefois nuisibles...

Loin de moi la pensée d'attacher une idée de critique à ce qui précède,

M. le général Fleury a bien voulu dire qu'hippologiquement, *j'ai toujours eu l'honneur de marcher avec lui*. Il voudra donc bien, j'en ai la certitude, reconnaître, qu'en écrivant ceci, je ne suis ni en arrière, ni *en avant* de cette honorable et flatteuse harmonie de pensée.

Un dernier mot pour traduire, au point de vue de l'élevage, cette pensée qui, j'ose m'en porter garant, est celle qui a présidé à l'organisation de l'administration des haras de l'Etat.

Le perfectionnement de la *forme* a été un des côtés du système; mais non le plus saillant. Le *fond* a appelé de sages et mûres réflexions, par cette raison qu'étant resté en arrière depuis la réorganisation de 1806, il avait une longue distance à rattraper.

(1) Les *harasistes* et *anti-harasistes*, entre l'opinion desquels a été formulé le décret de réorganisation.

C'est donc à faire de *bons* et beaux chevaux que l'on s'attache aujourd'hui.

Les épreuves exigées des reproducteurs devaient être et ont été le premier moyen de régénération.

Il est toutefois une distinction admise en élevage hippologique que je demande la permission de rappeler ici :

« *La forme vient du père, les qualités de la mère.* »

Cette sentence a peut-être, comme les sentences en général, l'inconvénient de prononcer trop arbitrairement.

Égalisons la situation, en demandant que sur le terrain d'encouragement *par épreuves* (1), on fasse pour les poulinières ce que l'on fait pour les étalons, ni plus ni moins; tout devra être et sera pour le mieux, en ce qui concerne la reproduction.

Mais en pourvoyant ainsi aux besoins de l'avenir, n'oublions pas ceux du présent. Rappelons-nous que la génération qui doit sortir de l'application du système susmentionné, ne doit être appelée au service que dans dix ans (2).

D'ici là, il faudra des chevaux pour les travaux et les plaisirs de la paix ; pour les périls et la gloire de la guerre, peut-être... Il faut pouvoir les trouver en France (où ils existent) au lieu d'être obligé de les chercher en Allemagne, où ils n'existent pas encore, ou bien en Angleterre, où ils peuvent ne pas exister toujours (3).

(1) Le seul rationnel et sûr et celui sur lequel on paraît vouloir s'engager pour l'avenir. L'administration, en imposant des épreuves d'aptitude aux pouliches de trois ans, a pris l'engagement implicite, sinon explicite, de ne primer à l'avenir ces mêmes pouliches suitées, qu'à la condition expresse qu'elles auront subi les épreuves sus-indiquées, autrement ces primes de dressage deviendraient un effet sans cause, ou plutôt une cause sans effet, logiquement parlant.....

(2) Quatre années pour préparer les reproducteurs; six années pour faire naître, élever et *éduquer* leurs premiers produits, selon la nouvelle méthode.

(3) L'Allemagne ne peut soutenir la concurrence avec la Normandie, quand celle-ci voudra élever convenablement.

L'Angleterre qui, depuis un siècle, fournit des chevaux *comfortables* à l'Europe, commence à s'épuiser... Observation importante qu'il convient de ne pas perdre de vue, lors de la discussion, du vote et de l'homologation des voies et moyens .....

Or le cheval de luxe, de confort et de guerre, est celui-là seul que l'on peut employer sûrement et immédiatement ; donc pour l'industrie appelée à le créer, pour le commerce destiné à le négocier, il s'agit, ainsi que je l'ai dit en commençant,

D'ÊTRE OU NE PAS ÊTRE.

Caen, imp. G. Philippe, rue Froide, 5.